親手做 健康貓飯
針對疾病、症狀與目的之貓咪營養事典

須崎動物醫院院長 須崎恭彥 著
高慧芳 譯

晨星出版

前言

貓咪真的不能吃人類的食物嗎？

只要一聽到「貓咪是完全的肉食性動物」，大家都會覺得：「對耶，貓咪跟獅子一樣都是肉食性動物呢！」接著腦中就會浮現出，貓咪像小型猛獸一樣獵食老鼠或小鳥的樣子。

但另一方面，貓咪也和狗狗一樣，是自古以來就被人類飼養在身邊的生物。因此才會有所謂的「貓飯」這種料理，這應該是過去人們經常把白飯淋上湯汁後餵給貓咪吃的關係。

看到這裡，是不是會覺得：「欸？貓咪不是肉食性動物嗎？那怎麼可以吃『貓飯』這種食物呢？」

這樣的想法正是對於「肉食性動物」只能吃「肉」的一種誤解。以為牠們只會把狩獵來的獵物整隻吃下，或是只愛吃飼主從超市買來的「肉類」，也都是完全不正確的。

而且，一直生活在人類身邊的貓咪也和獅子等野生動物不一樣，牠們的飲食習性已經變得有一點偏向雜食性動物。儘管屬於「完全肉食性動物」的貓咪為了存活，飲食中一定要有肉類等動物性蛋白質，但即使攝取其他種類的食物，也不會影響牠們的生存。

對飼主來說，因為把貓咪當作家人，所以產生想要吃相同食物的這種想法是很自然的，不過另一方面，坊間卻充滿著「貓咪不能吃人類食物」的說法，想必有不少飼主因此感到卻步吧。

的確，「貓咪在自然界原本就不是會煮飯來吃的生物」，但這與「能不能適應」可說完全是兩回事。

雖然很多人覺得：「既然貓咪是肉食性動物，餵牠吃肉不是理所當然的嗎，到底為什麼那麼想給牠吃蔬菜呢？」但就如同前

面所說的，貓咪的飲食習性已經偏離了在自然界中只以肉類為食的飲食生活。

在一般家庭裡，很難像在自然界一樣餵給貓咪一整隻老鼠。選擇貓飼料之外的食物餵給貓咪時，想要在飲食中也加入肉以外的食材是很自然的事。事實上，貓咪在自然界所獵食到的小動物體內，也會有未消化完畢的植物殘留在腸道中，而這些同樣都會被貓咪吃進肚子裡。

根據電子報中的排行結果製作本書

有關寵物的飲食或營養，目前似乎分成許多「流派」，筆者個人是覺得不論哪個流派都有其正確性，因此飼主只要能採用各別的優點，對寵物來說都是一件好事。雖然筆者之前也透過診療或研討會提供過不少相關資訊，不過似乎還是有許多飼主覺得自己的疑問沒有獲得解答。

於是這次我們以讀者想知道的事為主題，透過電子報收集大家的意見。由於讀者們提出的問題實在是太多了，不得已的情況下只能依詢問度較高的順序進行說明，不過筆者相信本書中一定會有能對讀者有所幫助的內容，真是如此的話就是筆者最大的榮幸了。

貓咪這種生物

貓咪不是小型的狗狗

貓咪是偏向雜食性的「完全肉食性動物」，如果所吃的飲食中完全沒有肉類或魚類的話，就會導致營養不良。

不過這個事實並非表示「貓咪吃了肉類以外的食物就會對身體不好」，而是「貓咪雖然可以像吃貓草一樣食用植物或果實，但若只吃這一類食物的話，會漸漸營養不足」的意思。由於生活在自然界裡，有時也會有找不到食物的時候，因此貓咪的身體擁有調節能力，讓自己在這種情況下也能維持體內的穩定狀態。

此外，正因為貓咪屬於「完全肉食性動物」且「即使體內沒有合成出可從飲食中攝取到的營養素也能夠存活下來」，所以動物性食材中才含有的營養素，對貓咪來說就成了「必須營養素」（包括菸鹼酸、牛磺酸、維生素A、維生素B_{12}、花生四烯酸等，詳見本書第19頁）。而這一點和狗狗完全不同，因此才會說「貓咪不是小型的狗狗」。

貓咪是非常謹慎的動物

大家可能聽過有的貓咪在搬家之後，躲在新住處的床下一個星期都不出來的故事。其實貓咪是一種非常謹慎、警戒心極強的動物，因此一旦習慣養成之後就很難改過來，即使可以改變也要花上非常多的時間。

這一點也顯現在牠們的飲食習慣上，貓咪會把六個月齡以前吃過的東西，視為自己這一輩子可以吃的食物，在那之後如果遇到新的「食物」，會很自然地產生警戒，覺得「這是什麼？是玩

具嗎？」所以牠們不吃飼主新準備的鮮食是非常正常的反應。

但如果飼主可以把端出的食物先試吃給貓咪看的話，貓咪會有「咦，原來那是可以吃的東西啊」的反應。

此外，拿食物給貓咪吃的時候，最好要採取「不吃就算了」的態度，如果飼主中途堅持不住的話，反而會給貓咪一種「會吵的話就有糖吃」的錯誤認知。

有些飼主可能會擔心食物放在那邊不理它的話會不會壞掉，不過貓咪不會去吃壞掉的食物，因此這一點不需要擔心。

穀類雖非必要 但也可以吃

貓咪是即使不吃穀類食物，也可以生存下去的動物。由於大腦的運作需要利用醣類，因此維持體內血糖值的穩定非常重要，在這一點上，貓咪和人類、狗狗都是一樣的，不過貓咪把蛋白質轉換成葡萄糖的能力很強，因此不需要特地從飲食中攝取醣類。只不過這樣的資訊不知道在什麼時候就像傳話遊戲一樣，傳成貓咪只要吃了一口穀類就會生病的流言。

此外，當貓咪身體不舒服的時候，會不吃飯靜靜地讓自己恢復，因此發現貓咪沒有食慾時，有時不一定要去強迫牠們吃飯也沒關係。

親手做 健康貓飯 CONTENTS

第2章 克服疾病的15道私房食譜

第3章 針對不同成長階段與不同症狀、目的之37道食譜

第1章

攝取對貓咪身體有益之營養與食物的方法

貓咪所需的營養素與效果

貓咪不能吃素

貓咪是完全肉食性動物，一旦飲食中沒有動物性食材（肉類或魚類），就會難以維持身體的健康。

原因就在於植物性的食材裡未含有動物性食材裡才有的營養素（花生四烯酸、牛磺酸等），而這些營養素對貓咪來說都是必要的。此外，貓咪無法將β-胡蘿蔔素轉換成維生素A，這也是肉食性動物才有的特性。

從（肉、魚）：（穀類）：（蔬菜）＝7：1：2開始

不論是人類還是貓咪，當血糖值下降的時候，體內都會發生將蛋白質分解成胺基酸再轉變為葡萄糖的「糖質新生」反應，過程中不會對身體造成負擔。因此說得極端一點的話，人類和貓咪不用攝取穀類食物也活得下去。但不知道為什麼，這種說法後來卻演變成「餵貓咪吃穀類的話會讓牠生病」的流言。

而根據筆者先前的經驗，貓咪的鮮食適合從動物性食材：穀類：蔬菜＝7：1：2開始。

一定要從飲食中攝取的營養素

在一九六〇年代，曾發生過只餵貓咪吃生牛心而導致鈣質缺乏症的案例，於是自那時候起，開始出現「不能只有肉食，應該餵食多種食物才能讓貓咪攝取到均衡的營養」的想法。但這種說法絕不是指一定要進行複雜的營養成分計算才行。

此外，不論飲食的內容是什麼，貓咪的身體都擁有調節能力來維持體內環境的穩定。

貓咪和狗狗的每日營養需求量（單位：每公斤體重）

動物性食材才含有的營養素對貓咪來說是必需營養素，而貓咪將蛋白質轉化為醣類的能力很強，因此貓咪對蛋白質的需求量較高。

	貓咪	狗狗
蛋白質（g）	7.0	4.8
脂肪（g）	2.2	1.0
鈣（g）	0.25	0.12
氯化鈉（g）	0.125	0.10
鐵（mg）	2.5	0.65
維生素A（IU）	250	75
維生素D（IU）	25	8
維生素E（IU）	2.0	0.5

根據AAFCO標準計算出的成貓每4公斤體重每日營養素需求量

雖然這些數字看起來很複雜，但只要能吃到一般量的動物性食材，通常就能涵蓋這些需求量，可多加利用魩仔魚等小型魚類或雞肝做為貓咪的食物。

維生素A	400～800 IU／日
維生素D	40～80 IU／日
亞麻油酸	400～800 mg／日
次亞麻油酸	400～800 mg／日
花生四烯酸	20～40 mg／日
牛磺酸	200～400 mg／日
精胺酸	800～1200 mg／日
菸鹼酸	6.0～8.0 mg／日

貓飼料中所含的食品與營養素

方便的貓飼料

貓飼料是可以輕鬆攝取必要營養的速食食品。不但能夠方便購得，而且廠商也花了很多心思在提高飼料的保存性，即使在飼料中添加了容易氧化的植物油，也能夠在常溫中保存而不容易發生氧化。有非常多的貓咪在只吃貓飼料和喝水的情況下，過著健康的生活並安享天年。此外，也因為貓飼料的便利性，讓忙碌的飼主也能過著與貓共處的生活。

貓咪是完全肉食性動物

由於貓咪屬於「完全肉食性動物」，因此牠們以完整吃下動物性食材為前提構成身體。

舉例來說，狗狗腸道中含有的酵素，可以把胡蘿蔔等黃綠色蔬菜所含的β-胡蘿蔔素轉換成維生素A，有需求時就能夠在體內轉換產生維生素A。但貓咪長時間都過著只要吃下整隻老鼠後，就能攝取到維生素A的生活，所以身體並不需要特地製造出這種營養素，也因此體內沒有這種酵素。同樣地，由於貓咪體內無法合成出牛磺酸或花生四烯酸的需求量，所以才會有「貓咪不能吃素」的事實。再加上貓咪體內菸鹼酸、精胺酸和維生素D的合成量也不夠，因此被認為「營養需求與人類和狗狗不同」。當然，如果能讓貓咪「吃下整隻動物」的話，就不會有營養方面的問題了，但這種事一般人不太可能做到，所以為了忙碌的飼主們還是需要有貓飼料的存在。

P4 貓飼料所含的營養素

貓飼料是非常方便的速食食品，只要有飼料和水，就足以讓貓咪活一輩子。

就如同前面第12頁所說明的一樣，如果可以在家中為貓咪準備一整隻的雞或魚當食物，那營養上就不會有問題，但這在現實中有點難度，於是「既方便又不用考慮太多便能獲得足夠營養」的飼料，就成了最好的選擇。

此外，除了前面所說的營養素之外，貓飼料中也含有足量的必需胺基酸、必需脂肪酸、各種維生素（脂溶性、水溶性）、各種礦物質（巨量、微量）以及其他重要的營養素。

雖然含有必需脂肪酸的脂肪容易氧化，但製造飼料的廠商在這方面下了不少工夫，讓飼料在常溫下長期保存也不會發生氧化現象，即使是新手飼主也能方便地儲存飼料。

有些飼主可能會擔心這些防腐劑會不會對貓咪的健康有害，但其實飼料中的添加量都在身體可以容許的範圍內，因此不需要特別擔心。

不過另一方面，的確也有因為吃不慣而不吃貓飼料的貓咪，這個時候就很適合餵食本書所介紹的自製鮮食了。

專欄「貓咪要注意牛磺酸的攝取」的真正意義！

「牛磺酸對貓咪很重要」，光聽到這句話很容易讓人產生「貓咪很容易缺乏牛磺酸」的印象，但事實上貓咪真的很容易缺乏牛磺酸嗎？讓我們一起來研究一下這項資訊的原始來源，以及實際狀況又是如何吧。

首先，原始的資訊來源是「若餵食貓咪以酪蛋白為主要成分的食物的話，三至十二個月內貓咪會視網膜病變，但改成卵白蛋白或乳白蛋白為主要成分的食物就能具有預防效果。」但事實上，「野貓並沒有陸續出現視網膜病變的問題」。※

因此，並不用擔心讓貓咪以一般的肉類或魚類為主食會出現問題。

※（譯註：因研究報告指出酪蛋白飲食會造成貓咪體內牛磺酸的濃度下降，而導致視網膜病變。）

自製鮮食會讓貓咪營養不良嗎？

自製鮮食會讓貓咪生病嗎？

有些想法比較極端的人，一聽到自製鮮食，馬上就會聯想到貓咪因此營養不良而生病的事，可是，假如我在感冒的時候對我太太說：「都是妳煮的飯害我感冒的！」她除了無法接受之外，想必還會痛罵我一頓吧。總而言之，貓咪是否會生病並非全都跟飲食有關。

不需要進行周密計算的理由

經常有人會覺得，如果貓咪的每一餐沒有經過周密的營養計算，就會無法維持牠們的健康。這種方式當然有它的優點，只不過筆者覺得提出這種觀念的人，是不是忘記了貓咪的身體其實跟我們人類一樣，是具有調節能力的呢？

在自然界裡，由於並不是隨時都能找得到食物，所以如果動物的身體是以充分吃飽的情況為前提來構成體內調節系統的話，將會十分不利於生存。就因為在自然界裡不知道何時會發生什麼事，所以動物的生理系統若可以在不規律的情況下仍能保持體內環境穩定的話，才能讓自己存活下去。

而貓咪當然也擁有這種調節能力，只要有攝取肉類或魚類，就能因應需求轉換為三大營養素的蛋白質、醣類與脂肪，腸道內的細菌能製造出維生素，骨骼或肌肉裡也儲存著礦物質，就算沒有每餐都計算應該攝取哪些營養素，貓咪也能視需求加以調節而不至於讓營養失衡。

貓咪基本上是以整隻動物為食

貓咪的飲食習性基本上是以整隻或整尾的動物為食，因此將牛、馬或鮪魚做為貓咪的食物很不自然，而老鼠、雞或沙丁魚才是自然的食物。

不過這當然並非指貓咪不能吃這些食物，牛肉依然是可以吃的肉類，只是一八九〇至一九一〇年代的論文曾提出相關報告：「若只讓幼犬或貓頭鷹吃生肉的話，會造成牠們痙攣發作或骨骼軟化，並會在數個月至一年半左右死亡。」，且一九六〇年代也曾有過，只讓幼貓生食動物心臟導致鈣質缺乏症的報告。

但這些資訊並不就表示說貓咪不能吃生肉，而是在告訴我們一個理所當然的觀念：「不能只吃動物的一部分，應該要吃下整個動物體。」所以如果極端一點的話，只要讓貓咪吃下整尾的魩仔魚基本上就不會有什麼大問題，之後只要再額外補充一些不足的營養素就夠了。不過有些人可能又會聯想到「魩仔魚或小魚乾會不會有鹽分攝取過多的問題」而卻步，但其實這個問題也早就已經解決了（詳見下面的專欄內容）。前面所說的資訊雖然聽起來有些複雜，但只是要表達只讓貓咪吃純肉塊會導致各式各樣營養不足的結果而已。

專欄「貓咪要注意鹽分的攝取量」的真正意義！

雖然有「貓咪攝取過多鹽分的話會造成腎臟負擔」的這種說法，但這是真的嗎？如果是真的的話，那應該會有鹽分過剩疾病的報告才對。

例如 Yu 等人的研究報告（1997）中提到，若分別餵食貓咪鈉濃度 0.01% 至 1% 的乾飼料，貓咪雖然會對最高濃度 1% 的飼料表現出厭惡感，但即使在攝取到與其他濃度的乾飼料相同的分量後，也沒有造成任何不好的影響。而根據 Burger 的研究報告（1979）結果，成年貓咪即使吃下鹽分濃度 1.5% 的食物也沒有顯示出任何異常。海水的鹽分濃度為 3%，人類一般食物的適當鹽分濃度為 1.1%，由此可知讓貓咪吃下人類食物程度的飲食並不需要特別擔心鹽分問題。

如果去確認一下貓飼料包裝袋上所列出的原料成分，會發現那些名稱就像一長串平常很少聽過的營養補充品集合在一起，讓我們把它替換成手邊的食材吧！

	成分名	含有該成分的常見食品	須崎醫師流的替換食材
20	碘	海藻	海苔
21	鉀	肉類、魚類、豆類	雞肉
22	錳	海藻	海苔
23	鋅	肝臟	肝臟
24	胺基酸類	肉類、魚類	雞肉
25	牛磺酸	魚貝類	花枝
26	甲硫胺酸	蛋類、肉類、魚類	雞肉
27	維生素類	黃綠色蔬菜	南瓜
28	維生素B_6	肉類、魚貝類、蛋類	鮭魚
29	維生素B_{12}	肉類、魚貝類、蛋類	肝臟
30	維生素C	蔬菜	青花菜
31	維生素D	沙丁魚、鰹魚、肝臟	鰹魚
32	維生素K	鮭魚、納豆	鮭魚
33	膽鹼	豬肉、牛肉	牛肝
34	菸鹼酸	肝臟、豆類	肝臟
35	泛酸	肝臟、蛋類	雞蛋
36	生物素	肝臟、大豆	肝臟
37	葉酸	葉菜類蔬菜	小松菜

將貓飼料中的成分替換成手邊的食材！

	成分名	含有該成分的常見食品	須崎醫師流的替換食材
1	蛋白質	肉類、魚類、豆類	雞肉、白肉魚、納豆
2	脂質	油脂類、脂肪含量多的肉類（例如雞皮）、堅果類	雞皮
3	粗纖維	蔬菜類	胡蘿蔔
4	粗灰分	蔬菜、海藻、大豆	海帶芽
5	水分	水	水
6	維生素A	肝臟	肝臟
7	維生素E	油脂類、堅果類、南瓜	南瓜
8	維生素B_1	豬肉	豬肉
9	維生素B_2	蛋類、肉類	肝臟
10	鈣	海藻、骨頭、小魚	魩仔魚
11	磷	肉類、魚類	雞肉
12	鈉	肉類、魚類	雞肉
13	鎂	肉類、魚類	雞肉
14	酵母萃取物	起司	起司
15	礦物質	小魚、海藻	魩仔魚
16	氯	肉類、魚類	豬肉
17	鈷	動物性食品	雞肉
18	銅	肝臟、櫻花蝦	肝臟
19	鐵	紅肉	鮪魚

貓咪所需的熱量與營養素

什麼是必需營養素？

營養素分為兩種，一種身體可以自行製造，另一種身體完全無法製造或雖然可以製造但製造量不一定充足。後者因為一定需要透過飲食才能攝取，因此被稱為必需營養素。

雖然狗狗和貓咪有相似的地方，但也有狗狗不具備而貓咪獨有的相異點，這是因為貓咪屬於「完全肉食性動物」的緣故。一般認為「狗狗和貓咪不一樣」，現在就來一起了解有哪些地方不一樣吧！

狗狗、貓咪的必需營養素

※（粗體字）為貓咪特有

■蛋白質（胺基酸）

精胺酸、組胺酸、異白胺酸、白胺酸、離胺酸、甲硫胺酸、苯丙胺酸、蘇胺酸、色胺酸、纈胺酸、**（牛磺酸）**

■脂肪

亞麻油酸、α-次亞麻油酸、**（花生四烯酸）**

■巨量礦物質

鈣、磷、鎂、鈉、鉀、氯

■微量礦物質

鐵、銅、鋅、錳、硒、碘

■脂溶性維生素

維生素A、維生素D、維生素E、**（維生素K）**

■水溶性維生素

硫胺素（B_1）、核黃素（B_2）、菸鹼酸（B_3）、泛酸（B_5）、吡哆醇（B_6）、生物素（B_7）、葉酸（B_9）、鈷胺素（B_{12}）、膽鹼

貓咪特有的營養課題

課題 1	貓咪無法將β-胡蘿蔔素等類胡蘿蔔素轉換為維生素A。
課題 2	貓咪無法合成出足量的維生素D。
課題 3	貓咪無法將色胺酸轉換成菸鹼酸。
課題 4	貓咪無法從甲硫胺酸或半胱胺酸等含硫胺基酸中合成足夠的牛磺酸。
課題 5	貓咪無法合成氮素循環所需的瓜胺酸，因此若持續不含精胺酸的飲食即可能會導致死亡。
課題 6	貓咪不擅長將亞麻油酸合成植物中含量多、動物中含量少的花生四烯酸等長鏈不飽和脂肪酸。
課題 7	貓咪擁有能夠適應低碳水化合物飲食的代謝能力（並不是不能吃碳水化合物，只是不需要當作主食）。

貓咪所需的熱量

貓咪的每公斤每日所需熱量如下表所示。
請依照家中貓咪的體重計算看看。

成貓維持期（正常活動量）	70～90kcal
成貓維持期（活動量較低）	50～70kcal
懷孕期	100～140kcal
泌乳期	240kcal
發育期（十週齡）	220kcal
發育期（二十週齡）	160kcal
發育期（三十週齡）	120kcal
發育期（四十週齡）	100kcal

貓咪所需的營養素

保護眼睛、強化皮膚黏膜

維生素A

貓咪無法將β-胡蘿蔔素轉換為維生素A

維生素A與維持眼睛、皮膚、骨骼或黏膜的健康息息相關，尤其是能讓黏膜的形成過程正常化，因此可以有效防止病原體入侵體內，防範感染症的發生。

狗狗的體內擁有能將胡蘿蔔或南瓜所含的β-胡蘿蔔素轉換為維生素A的酵素，但貓咪卻沒有，因此即使攝取了黃綠色蔬菜也無法補充維生素A。

由於維生素A屬於脂溶性維生素，因此將含有維生素A的食材用油炒過後，可以提高它的吸收率。

不足或過量的話會怎麼樣呢？

維生素A不足時會讓黏膜的功能減弱而容易發生感染，同時也可能造成皮膚問題或眼科疾病。

維生素A過量時會造成急性中毒並出現嘔吐等症狀，但一般的飲食生活並不會攝取過量。

含有**維生素A**的
須崎醫師 **推薦食材**

- 雞肝
- 豬肝
- 牛肝
- 鰻魚
- 銀鱈

貓咪所需的營養素

為貓咪的必需營養素之一

菸鹼酸（維生素B3）

貓咪無法將色胺酸轉換成菸鹼酸

菸鹼酸對貓咪來說，是必需的營養素之一，因為貓咪不像狗狗一樣，可以將胺基酸中的色胺酸合成為菸鹼酸，所以必須從飲食中攝取才能獲取足夠的分量。雖然經常有人說：「長時間餵食寵物家裡自製的鮮食，有時會讓牠們發生菸鹼酸缺乏症。」但是只要有給貓咪吃魚或肝臟，就不會出現這種問題。

不足或過量的話會怎麼樣呢？

貓咪缺乏菸鹼酸時會出現下痢等症狀，有報告指出，若是連續三週都完全沒有攝取到菸鹼酸的話會造成貓咪死亡，但只要有讓貓咪吃肉類或魚類就不會出現此種問題，此外一般的飲食也不會造成菸鹼酸攝取過量。

含有**菸鹼酸**的
須崎醫師 **推薦食材**

- 鮪魚
- 鰹魚
- 豬肝
- 牛肝
- 鯖魚

礦物質

在體內的酵素反應與骨骼中不可或缺

巨量金屬元素與微量金屬元素

在巨量元素（氧、碳、氫、氮）外，構成生物體的化學元素中，每一〇〇〇卡需求量在一〇〇毫克以上的元素，被稱為巨量金屬元素（鈣、磷、鎂、鈉、鉀、氯），需求量一〇〇毫克以下的元素則稱之為微量金屬元素。

這些元素的作用包括構成骨骼、分布在細胞內外的體液維持平衡，以及協助生物體內的酵素反應等。

不足或過量的話會怎麼樣呢？

由於礦物質是構成骨骼的主要成分，一旦攝取不足可能會造成發育不良或骨質疏鬆症。

此外，也因為幾乎所有的生理反應都需要礦物質的參與，比起出現特定的症狀，礦物質不足更會造成全身性的失調。

含有**礦物質**的 須崎醫師 **推薦食材**

- 魩仔魚
- 太平洋玉筋魚苗
- 小魚乾

膳食纖維

調整糞便狀態所需的營養

雖然無法消化但可做為腸內細菌的食物來源

膳食纖維雖然無法被胰臟等器官所分泌的消化酵素消化分解，但這種食物成分中，有一部分能夠做為大腸等部位腸內細菌的食物來源，另一部分則難以成為食物來源。

由於膳食纖維能做為大腸內細菌的食物，因此能酸化腸道降低大腸內的pH值，促進水分的吸收並將糞便固化，同時還有增加糞便體積與糞便溼度等作用。

因此，儘管膳食纖維無法被消化，也可以藉由做為腸內細菌的食物而達到整腸作用。

不足或過量的話會怎麼樣呢？

一旦貓咪所攝食到的膳食纖維量過少，糞便的體積減少與含水量變少的結果，會讓糞便通過腸內的時間過長，影響糞便的黏稠度。而攝取過多時也會造成反作用。

含有**膳食纖維**的 須崎醫師 **推薦食材**

- 青花菜
- 南瓜
- 胡蘿蔔
- 玉米
- 番薯

貓咪所需的營養素

產生能量的必需胺基酸

異白胺酸

具有生酮性與生糖性，能強化肌肉的必需胺基酸

異白胺酸是必需胺基酸的一種，同時屬於生酮胺基酸與生糖胺基酸，也是形成蛋白質的原料。所謂的生酮胺基酸，是指能在體內將脂肪酸轉換成酮體的胺基酸，而生成的酮體能做為肌肉和腦部的能量來源。其他的生酮胺基酸還包括白胺酸。異白胺基酸擁有非常多的作用，除了能促進發育與改善神經功能之外，還能擴張血管、強化肝功能與強化肌肉。

不足或過量的話會怎麼樣呢？

若以完全不含異白胺酸的特殊精製食品進行實驗，會發現幼貓可能出現發育不良、體重減少、皮膚和毛髮異常等現象，但在加以補充之後就會恢復正常。另一方面，至今仍未有過量的研究報告。

含有**異白胺酸**的 須崎醫師 **推薦食材**

- 柴魚片
- 半乾狀魩仔魚乾
- 大豆
- 乾海苔
- 雞胸肉

貓咪所需的營養素

促進肌肉發達的必需胺基酸

白胺酸

能促進胰島素分泌，為支鏈胺基酸之一

白胺酸是必需胺基酸的一種，屬於生酮胺基酸，同時也是構成蛋白質的胺基酸之一，與異白胺基酸、纈胺酸一起被歸類於分子結構含分支的支鏈胺基酸群。由於白胺酸參與了蛋白質的抑制分解與促進合成之間的調節作用，因此具有幫助肌肉發育及防止肌肉流失的特性。此外，白胺酸還能增加胰島素的分泌，促進肝臟轉化肝醣產生能量。

不足或過量的話會怎麼樣呢？

若以完全不含白胺酸的特殊精製食品進行實驗，幼貓可能會出現體重減少的現象，但除此之外並沒有出現其他特徵性的症狀。而至今仍未有關於過量的研究報告。

含有**白胺酸**的 須崎醫師 **推薦食材**

- 柴魚片
- 半乾狀魩仔魚乾
- 乾海苔
- 大豆
- 起司

貓咪所需的營養素

素食者經常缺乏的胺基酸

離胺酸

組成膠原蛋白原料的必需胺基酸

離胺酸是必需胺基酸的一種，屬於生酮胺基酸，同時也是構成蛋白質的胺基酸之一。

離胺酸在米、小麥、玉米等植物性蛋白質中的含量很少，對於不容易攝取到動物性蛋白質的地區居民或素食者來說，是營養學上的一大課題，必需要有肉類、魚類、大豆等離胺酸含量豐富的食材才能解決問題。

此外，由離胺酸轉化成的羥基離胺酸與膠原蛋白的合成有關。

不足或過量的話會怎麼樣呢？

若以完全不含離胺酸的特殊精製食品進行實驗，幼貓可能會出現體重減少的現象，但除此之外並沒有出現其他特徵性的症狀。此外，至今仍未有關於過量的研究報告。

含有**離胺酸**的 須崎醫師 **推薦食材**

- 柴魚片
- 大豆
- 半乾狀魩仔魚乾
- 鮪魚
- 海鰻

貓咪所需的營養素

合成半胱胺酸的原料胺基酸

甲硫胺酸

參與脂質代謝且為抗氧化物質原料的必需胺基酸

甲硫胺酸（半胱胺酸）是必需胺基酸的一種，屬於生糖胺基酸，同時也是構成蛋白質的胺基酸之一。

甲硫胺酸的分子結構中含有硫（含硫胺基酸），與另一個含硫胺基酸半胱胺酸及參與脂質代謝的類維生素物質肉鹼的生物合成反應息息相關，同時也參與磷脂質的生成反應。

此外，半胱胺酸也是抗氧化物質穀胱甘肽及存在尿液中的貓咪費洛蒙貓尿胺酸的前驅物質。

不足或過量的話會怎麼樣呢？

若以完全不含甲硫胺酸的特殊精製食品進行實驗，幼貓會出現體重減少的現象，是必需胺基酸中體重減少反應最為劇烈的。至於過量的問題，則是有出現溶血性貧血等症狀的研究報告。

含有**甲硫胺酸**的 須崎醫師 **推薦食材**

- 柴魚片
- 半乾狀魩仔魚乾
- 大豆
- 乾海苔
- 鮪魚

貓咪所需的營養素

作為神經傳導物質原料的胺基酸

苯丙胺酸

擁有精神安定作用且為甲狀腺賀爾蒙原料的必需胺基酸

苯丙胺酸（酪胺酸）是必需胺基酸的一種，屬於生酮胺基酸與生糖胺基酸，同時也是芳香族胺基酸以及構成蛋白質的胺基酸之一。

苯丙胺酸會在體內轉換酪胺酸為多巴（DOPA），再轉換成多巴胺、去甲腎上腺素、腎上腺素等神經傳導物質，會對精神方面造成影響，有報告指出可有效改善人類的憂鬱症等疾病。此外苯丙胺酸也能活化甲狀腺賀爾蒙的分泌。

不足或過量的話會怎麼樣呢？

若以完全不含苯丙胺酸的特殊精製食品進行實驗，會發現幼貓可能出現體重減少、毛髮變色（黑色→紅棕色）的現象及導致神經症狀發生。至於過量則尚未有特別的相關研究報告。

含有**苯丙胺酸**的 須崎醫師 **推薦食材**

- 柴魚片
- 半乾狀魩仔魚乾
- 大豆
- 乾海苔
- 鮪魚

貓咪所需的營養素

參與糖質新生作用的必需胺基酸

蘇胺酸

參與酵素活化反應，不足時可能造成痙攣等症狀

蘇胺酸為必需胺基酸的一種，屬於生糖胺基酸，同時也是芳香族胺基酸以及構成蛋白質的胺基酸之一。

蘇胺酸會經由丙酮酸轉變為草醯乙酸、再轉變為磷酸烯醇丙酮酸的路徑，用於糖質新生的過程中。

分子內的羥乙基參與生物體內酵素的磷酸化反應及脫磷反應，同時也與酵素和其他蛋白質活性化的控制有關。

不足或過量的話會怎麼樣呢？

若以完全不含蘇胺酸的特殊精製食品進行實驗，會發現幼貓可能出現食慾衰退、體重減少、身體顫抖、痙攣、肌肉僵直及運動失調等症狀。至於過量則尚未有特別的相關研究報告。

含有**蘇胺酸**的 須崎醫師 **推薦食材**

- 柴魚片
- 半乾狀魩仔魚乾
- 大豆
- 乾海苔
- 雞胸肉

貓咪所需的營養素

色胺酸

與睡眠有關的必需胺基酸

貓咪無法和狗狗一樣合成出菸鹼酸

色胺酸被分類為芳香族胺基酸，是構成蛋白質的胺基酸，同時也是屬於生酮胺基酸與生糖胺基酸的必需胺基酸之一。

雖然狗狗能從色胺酸合成出菸鹼酸，但貓咪無法從色胺酸中合成出足量的菸鹼酸。此外由於色胺酸為血清素（參與調節體溫與睡眠的生物活性胺類）與褪黑激素（參與晝夜規律調節的賀爾蒙）的前驅物，因此是非常重要的營養素。

不足或過量的話會怎麼樣呢？

若以完全不含色胺酸的特殊精製食品進行實驗，只有發現幼貓出現食慾衰退或體重減少等現象。至於過量的相關研究，則有利用0.6%濃度的特殊精製食品餵食42天後，造成一隻貓咪死亡的案例。

含有**色胺酸**的 須崎醫師 **推薦食材**

- 柴魚片
- 半乾狀魩仔魚乾
- 大豆
- 乾海苔
- 起司

貓咪所需的營養素

纈胺酸

與維持肌肉有關的必需胺基酸

調節血中葡萄糖濃度與肌肉量的胺基酸

纈胺酸在支鏈帶有異丙基，是構成蛋白質的胺基酸，同時也是屬於生糖胺基酸的必需胺基酸之一。

纈胺酸會轉換為琥珀醯輔酶A，並在TCA循環中從草醯乙酸經由磷酸烯醇丙酮酸轉換為葡萄糖，完成糖質新生的過程。

相對於其他胺基酸是在肝臟內進行代謝，屬於支鏈胺基酸的纈胺酸與異白胺酸及白胺酸一樣，都是在肌肉內進行代謝。

不足或過量的話會怎麼樣呢？

根據研究報告，若以完全不含纈胺酸的特殊精製乾飼料進行實驗，只有發現幼貓出現體重減少的現象，並沒有其他症狀的相關報告。關於過量則尚未有相關研究報告。

含有**纈胺酸**的 須崎醫師 **推薦食材**

- 柴魚片
- 半乾狀魩仔魚乾
- 大豆
- 乾海苔
- 起司

貓咪所需的營養素

形成組織胺的必需胺基酸

組胺酸

參與血糖控制與氧氣交換的胺基酸

組胺酸為必需胺基酸之一，屬於生糖胺基酸同時也是構成蛋白質的原料，除此之外，還是組織胺、甲肌肽和肌肽等生物活性物質的前驅物，因此非常重要。

組胺酸中有一個帶有特殊性質的咪唑基結構，與酵素活性中心或蛋白質分子內的氫離子移動有關，同時也與紅血球的血紅蛋白中氧氣的交換有關。

不足或過量的話會怎麼樣呢？

根據研究報告，若以完全不含組胺酸的特殊精製食品進行實驗，可能會導致幼貓出現發育不良或體重減輕的現象。但至今尚未有過量的相關研究報告。

含有**組胺酸**的 須崎醫師 **推薦食材**

- 柴魚片
- 鰹魚
- 鮪魚
- 鯖魚
- 雞胸肉

貓咪所需的營養素

參與尿素循環的必需胺基酸

精胺酸

參與血糖控制與肝臟解毒作用的胺基酸

精胺酸是貓咪的必需胺基酸之一。在肝臟中所進行的尿素循環又稱為鳥胺酸循環，是一種能將對生物體有害的氨轉換為尿素的無毒化代謝途徑，而精胺酸在其中所負責的任務，就是經由精胺酸酶加水分解後形成鳥胺酸與尿素。

此外，精胺酸也是一種生糖胺基酸，能在轉變成α-酮戊二酸後，加入由檸檬酸循環的草醯乙酸所構成的糖質新生途徑中。

不足或過量的話會怎麼樣呢？

根據研究報告，若以完全不含精胺酸的特殊精製食品進行實驗，可能會伴隨著貓咪出現嘔吐、唾液過多、下痢、體重減輕、食慾減退等症狀產生高氨血症。而至今尚未有過量的相關研究報告。

含有**精胺酸**的 須崎醫師 **推薦食材**

- 雞里肌肉
- 雞胸肉
- 豬腰內肉
- 豬里肌肉
- 鮪魚

貓咪所需的營養素

貓咪無法合成的胺基酸之一

牛磺酸

參與消化功能與神經傳導的胺基酸

牛磺酸是一種人類可從含硫胺基酸（半胱胺酸）合成出來的物質，雖然被標示為胺基酸，但因為不含有羧基，因此並非真的胺基酸，也不是構成蛋白質的原料。

由於貓咪體內沒有合成牛磺酸的酵素，一旦缺乏牛磺酸的話，可能會導致視網膜中心退化或擴張性心肌病的發生，因此對貓咪來說，牛磺酸是必需的營養素。牛磺酸參與多種部位消化與神經傳導的功能，包括心臟、肌肉、肝臟、腎臟、肺部、腦部等。

不足或過量的話 會怎麼樣呢？

一九七五年Hayes等人發現當時的貓飼料會導致食用的貓咪眼睛失明，於是提出牛磺酸不足會造成視網膜中心退化的研究報告。另有報告指出會導致心肌病的發生，至於過量則尚未有相關研究報告。

含有**牛磺酸**的 須崎醫師 **推薦食材**

- 牡蠣
- 章魚
- 蝦子
- 沙丁魚
- 秋刀魚

貓咪所需的營養素

唯有植物才能製造的omega-6脂肪酸

亞麻油酸

由於動物無法合成，因此只能從植物油中攝取！

脂肪酸一般是在細胞內製造的，每兩個碳素連結在一起的方式合成，必要時則利用「脂肪酸去飽和酵素」追加成雙鍵結合，形成不飽和脂肪酸。由於這個酵素能夠決定雙鍵結合的位置，而只有植物才擁有讓雙鍵結合在碳鏈末端算起來第六個位置※的酵素，因此亞麻油酸屬於必需脂肪酸。

※（譯註：亦即形成omega-6脂肪酸）

不足或過量的話 會怎麼樣呢？

一旦缺乏亞麻油酸等必需不飽和脂肪酸時，會出現皮膚乾燥、皮膚失去光澤、產生皮屑、不孕症、脂肪肝、食慾減退、體重減輕等症狀。至於過量則至今尚未有相關研究報告。

含有**亞麻油酸**的 須崎醫師 **推薦食材**

- 葵花油
- 綿籽油
- 玉米油
- 大豆沙拉油
- 芝麻油

貓咪所需的營養素

活用植物的益處！
omega-3脂肪酸的源頭

α-次亞麻油酸

植物才能製造，omega-3脂肪酸的根本來源

omega-3脂肪酸的原料是α-次亞麻油酸，在海洋裡的食材中有豐富的含量。與omega-6脂肪酸一樣，由於omega-3脂肪酸也無法在動物體內合成，因此必須從吃下浮游植物合成物質的魚類、海藻或其他植物攝取。

雖然一般來說可從α-次亞麻油酸合成EPA或DHA等物質，但因為轉換效率不甚良好，因此也另外攝取EPA和DHA比較好。

不足或過量的話 會怎麼樣呢？

一旦缺乏α-次亞麻油酸等必須不飽和脂肪酸時，會出現皮膚乾燥、皮膚失去光澤、產生皮屑、不孕症、脂肪肝、食慾減退、體重減輕等症狀。至於過量則至今尚未有相關研究報告。

含有**α－次亞麻油酸**的
須崎醫師 **推薦食材**

- 荏胡麻（乾燥）
- 菜籽油
- 大豆沙拉油
- 美乃滋
- 大豆

貓咪所需的營養素

貓咪僅有少量的合成酵素，
所以屬於必需脂肪酸

花生四烯酸

動物性食材含有豐富的花生四烯酸

人類和狗狗可以從亞麻油酸（omega-6脂肪酸）合成出同屬omega-6脂肪酸的花生四烯酸，但貓咪因為合成酵素不足，因此無法合成出自身所需的脂肪酸量。

由於植物性食材並不含有花生四烯酸，必須從動物性食材中才能攝取到，因此這也是貓咪屬於完全肉食性動物的理由之一。

不足或過量的話 會怎麼樣呢？

一旦缺乏花生四烯酸等必需不飽和脂肪酸時，會出現皮膚乾燥、皮膚失去光澤、產生皮屑、不孕症、脂肪肝、食慾減退、體重減輕等症狀。至於過量則至今尚未有相關研究報告。

含有**花生四烯酸**的
須崎醫師 **推薦食材**

- 雞蛋
- 鰆魚
- 豬肝
- 鯖魚
- 海帶芽

複習！ 貓咪鮮食的基本原則

●以動物性蛋白質為主食

●要有豐富的水分

●肉類（瘦肉＋內臟）要佔全體食材的50～80％

●蔬菜和穀類各佔剩下比例的一半

自製鮮食時應該注意的六大重點

1 由於牛磺酸是必需胺基酸，因此絕對要有動物性蛋白質！

→只要有讓貓咪吃到肉類、魚類就沒問題。

2 必需脂肪酸有亞麻油酸、α-次亞麻油酸、花生四烯酸三種！

→補充此類營養時，植物性油脂與動物性脂肪兩者都很重要。

3 貓咪無法從β-胡蘿蔔素合成維生素A！

→維生素A主要儲存於肝臟中。

4 貓咪對於碳水化合物的消化能力比狗狗差！

→貓咪不愛吃的話，不餵薯類或米飯也沒關係。

5 貓咪對菸鹼酸的需求量很高！

→雞肉或魚類（例如鰹魚或鰤魚）含有菸鹼酸。

6 會分解維生素B_1的酵素硫胺素酶對熱的抵抗性很差

→魚類（包括內臟）、貝類、甲殼類（例如螃蟹、蝦子）務必要加熱煮熟後再餵給貓咪。

轉換成自製鮮食與餵水的方法

貓咪飲食難以改變的原因

在自然界裡，通常是能夠適應環境的生物才能繁衍後代，其他的物種則是會逐漸滅絕。由於「只要犯一點小錯就可能喪命」這種淘汰的力量，通常要警戒心強、個性謹慎的個體，才有辦法存活下來。

此外，植物因為無法藉由移動來逃離外敵的侵襲，為了保護自己，植物體內多少都含有一些生物鹼之類的毒物，在這些「純天然物」中因為含有有害物質，若是長時間食用同一種食物，有可能會造成中毒。

而有一種說法認為，為了保護自己不受到前述事實的危害，有演化出「吃膩」特性的動物個體才能存活下來，所以貓咪「愛吃不吃」的天性，說不定是為了保護自己才演變出來的。

另外，貓咪會把六個月齡以前吃過的食物，認定為自己這一輩子可以吃的食物，而之後其他的食物就可能不會被貓咪當作能吃的食物，所以最理想的方式，就是讓貓咪在過了離乳期之後，儘量多嘗試各種不同種類的食物（在不勉強貓咪的範圍內）。不過一般情況下通常是在貓咪過了六個月齡之後，才開始餵食自製鮮食，所以不少飼主都覺得要讓貓咪改吃自製鮮食十分困難。

乾飼料因為嗜口性佳，很多貓咪為了它願意忽略天生的警戒心而天天吃同樣的飼料，但自製鮮食就不一樣了，在貓咪願意吃下之前，飼主通常都要花費不少工夫。而且貓咪和狗狗不一樣，很難一口氣就把飼料轉換成鮮食（也是有貓咪能夠辦到），因此最基本的方式，就是慢慢地逐步改變。

轉換成自製鮮食的流程表

天數	原先的餵食量		自製鮮食的餵食量
第1～2天	9	:	1
第3～4天	8	:	2
第5～6天	7	:	3
第7～8天	6	:	4
第9～10天	5	:	5
第11～12天	4	:	6
第13～14天	3	:	7
第15～16天	2	:	8
第17～18天	1	:	9
第18～20天	0	:	10

讓貓咪多攝取水分的方法

貓咪即使生活在乾燥地區也能存活，是一種體內水分循環能力很強的生物，因此有些貓咪不太喜歡喝水，容易得到尿路結石也成為了貓咪的宿命。詳情可以參考本書後面有關尿路結石的內容，而我們也可以藉由飲食讓貓咪多攝取一些水分。

與乾飼料比起來，罐頭的含水量大約是飼料的五倍到七倍之多。想讓貓咪多喝一些水的話，只是把水放在一邊等牠喝是不夠的，最好將煮過肉或魚的湯汁放在水碗裡，貓咪就會很愛喝了。

轉換食物的時候……

還有一個要注意的重點是，貓咪擁有讓體內環境維持穩定的功能，當外界有某種變化發生的時候，為了讓身體恢復原狀，貓咪的身體也會出現相應的變化，這是一種必要的變化而非生病。

例如，飲食改變之後有時會出現下痢的情形，但只要貓咪的精神狀態還不錯，就不需要特別擔心。這是因為當食物的內容改變後，腸道內增殖的腸內細菌種類也會發生變化，就像是為了要進行重新設定一樣，此時很有可能會出現下痢的症狀，因此並不需要去將症狀止住。

如何讓貓咪愛上鮮食

漸進性地改變飲食

前面曾經說過，貓咪這種生物在個性上比狗狗謹慎得多，因此突然改變飲食的話，大部分的貓咪會覺得那是「不能吃」的東西。為了避免這種情況發生，必須漸進性地改變飲食，讓貓咪慢慢地接受新的食物（也有可以接受飲食突然改變的貓咪）。飼主們請記得不要焦急、不要慌張，配合貓咪的步調即可。

找出貓咪愛吃的食物

食材的種類、溫度、切成的大小、烹調方式（蒸、煮、烤、炒）等，每隻貓咪的喜好都各有不同。

一開始為了找出貓咪愛吃的食物，可先用小盤子把各種食物各裝一些，以一星期左右的時間觀察貓咪會吃哪一種，接著再觀察哪種烹調方式最能讓貓咪的食慾大開。通常直徑7～8公釐大小、微溫（類似體溫）的食物最受貓咪歡迎。

在香味方面下工夫

肉類如果水煮的話，有時會因為無法保留其中寶貴的肉汁，而變得乾乾柴柴的感覺不太好吃（每隻貓咪的喜好不同），像這種時候如果改用燒烤或翻炒的方式，有時可以引出貓咪的食慾。另外也有貓咪喜歡吃生食，如果一次飼養好幾隻貓咪的話，飼主應該就能感受到每隻貓咪的個性跟喜好都不一樣了。

利用小盤子測試出貓咪的飲食喜好

雖然有的貓咪可能需要天天變換食材，不過為了能夠大致了解「這隻貓咪喜歡吃什麼」，可利用小盤子一次少量地盛裝好幾種食物，以一星期左右的時間為期觀察貓咪願意吃什麼食物，接著再針對貓咪願意吃的食材找出適合的烹調方式。

step1　貓咪想吃哪種食材呢？

就像筆者的貓咪最喜歡吃香甜的哈密瓜和甜玉米一樣（其他的東西也願意吃），每隻貓咪都有自己的飲食喜好，為了避免好不容易做好的鮮食貓咪卻不願意吃，請事先找出貓咪愛吃的食物。

step2　喜歡哪種形狀的食物呢？

為了讓食物順利通過食道，可以先參考原本在吃的乾飼料，將食材切成差不多的大小。若之後發現貓咪願意吃比較大塊的食物後，就可以少花一些工夫切菜了。

step3　什麼食材搭配在一起比較好呢？

雞肉＋甜椒

雞肉＋小松菜

雞肉＋白蘿蔔

有些食材一種一種分開來的時候貓咪願意吃，但混在一起後卻有可能變得不一定會吃，因此都要事先測試看看。

雞肉

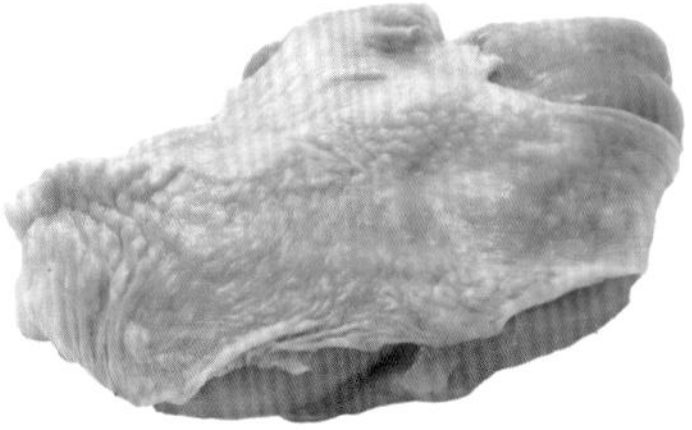

營養素

蛋白質、維生素A、菸鹼酸、鐵、鋅

能獲得的功效

預防動脈硬化、強化肝功能、維持皮膚和黏膜的健康、防止肥胖、升高體溫

料理方式▶由於市面上所販賣的雞肉並非生食專用，基本上還是應該煮熟後再餵食，但貓咪若是吃生肉也沒問題的話也可生食。

豬肉

營養素

蛋白質、維生素B_1、維生素B_2、鐵

能獲得的功效

消除疲勞、增強體力、促進血液循環、維持皮膚健康、改善貧血、預防動脈硬化

料理方式▶由於可能帶有弓蟲等病原性微生物，因此一定要煮熟後才能餵食。

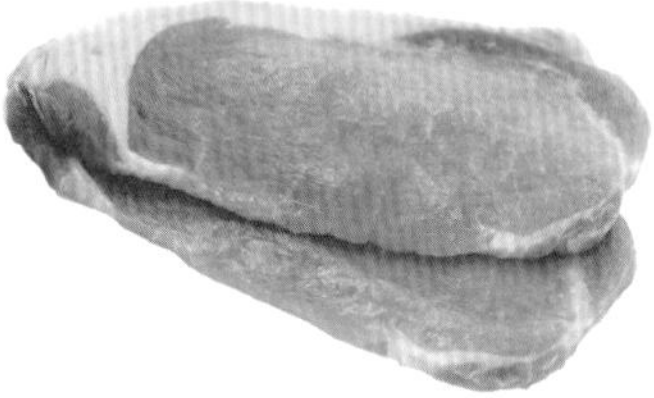

牛肉

營養素

蛋白質、維生素B_2、膽鹼、鐵、鋅

能獲得的功效

促進發育、改善貧血、預防動脈硬化、維持皮膚健康、強化骨骼

料理方式▶盡量選擇低脂肪的瘦肉部分，由於市面上所販賣的並非生食專用的牛肉，最好煮熟後再餵食。

內臟類

營養素

蛋白質、維生素A、維生素B_6、鐵、鋅

能獲得的功效

強化肝功能、防範感染發生、消除疲勞、促進血液循環、改善貧血、維持皮膚和眼睛的健康

料理方式▶因為具有獨特的風味，有的貓咪愛吃，有的貓咪則不敢吃。加熱煮熟後再餵食比較安全。

其他肉類

※此處介紹的肉類為羊肉

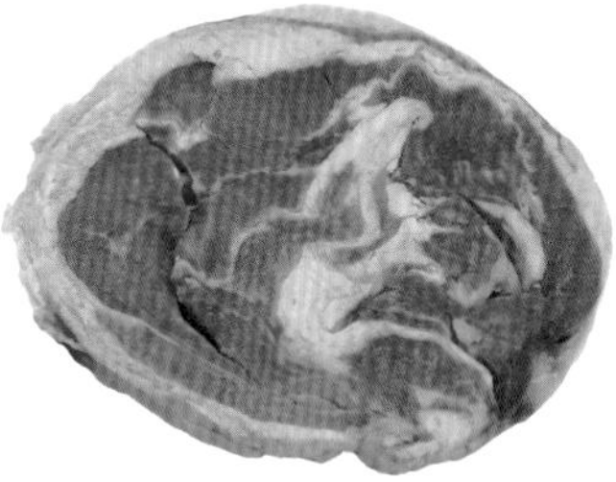

營養素

蛋白質、維生素A、菸鹼酸、鐵、肌肽

能獲得的功效

改善貧血和貧血造成的四肢冰冷、促進血液循環、促進脂肪燃燒、維持皮膚和眼睛的健康

料理方式▶因為具有獨特的風味，有的貓咪愛吃，有的貓咪則不敢吃。加熱煮熟後再餵食比較安全。

雞蛋

營養素

蛋白質、維生素A、維生素B_2、鐵

能獲得的功效

增強體力、病後調理、維持皮膚和黏膜及眼睛的健康、維持腦部功能

料理方式▶雖說煮熟的蛋比較安全，但即使生食也不會造成什麼特別的問題。（P.133）

鱈魚

營養素

蛋白質、EPA、DHA、維生素D、維生素E

能獲得的功效

防止肥胖、促進血液循環、改善及強化肝功能、強化牙齒及骨骼、預防糖尿病。

料理方式▶脂肪含量少的鱈魚十分適合減重的貓咪食用，可視貓咪喜好煮熟後餵食或直接生食。

鮭魚

營養素

蛋白質、EPA、DHA、維生素D、維生素E

能獲得的功效

抗發炎作用、抗氧化作用、促進血液循環、預防動脈硬化、強化牙齒及骨骼、消除疲勞。

料理方式▶很多貓咪都很喜歡吃烤過後剝下來的鮭魚碎肉，因此很方便用來幫貓飯加料。

鯖魚

營養素

蛋白質、維生素D、維生素E、EPA、DHA

能獲得的功效

促進發育、預防動脈硬化、抗發炎、促進血液循環、防止血栓、強健骨骼

料理方式▶煎烤或做成魚丸等與人類食物的料理方式相同，在保鮮方面要特別注意。

鰹魚

營養素

蛋白質、牛磺酸、維生素E、維生素B_{12}、EPA、DHA

能獲得的功效

消除疲勞、增強體力、促進血液循環、預防血栓、強化牙齒及骨骼、預防貧血

料理方式▶和人類食物的料理方式相同，煎烤、炙燒、生魚片皆可。很多貓咪看到初鰹※都會非常興奮。

※（譯註：春末初夏時隨著黑潮北上的鰹魚）

鮪魚

營養素

蛋白質、維生素D、EPA、DHA、鐵

能獲得的功效

促進血液循環、預防血栓、預防動脈硬化、預防心臟病、抗發炎、抗過敏作用

料理方式▶生食、熟食皆可，很多貓咪也非常喜歡吃海底雞的罐頭。

鯛魚

營養素

蛋白質、牛磺酸、維生素E、維生素B_1、EPA、DHA

能獲得的功效

消除疲勞、增強體力、促進血液循環、預防血栓、強化牙齒及骨骼、預防貧血

料理方式▶脂肪含量少的鯛魚十分適合減重的貓咪食用，可視貓咪喜好煮熟後餵食或直接生食。

柴魚片

營養素

蛋白質、牛磺酸、維生素E、維生素B_{12}、EPA、DHA

能獲得的功效

消除疲勞、增強體力、促進血液循環、預防血栓、強化牙齒及骨骼、預防貧血

料理方式▶可做為增添鮮食風味的配料使用，只要鮮食中所含的水分夠多，就不用擔心鹽分的問題！

小魚乾

營養素

蛋白質、EPA、DHA、鐵、鋅、鈣

能獲得的功效

強化牙齒及骨骼、精神安定、促進發育、預防動脈硬化、促進血液循環、預防血栓

料理方式▶直接食用或用來煮高湯皆可，如果擔心礦物質過多，只要讓貓咪攝取到充足的水分即可解決。

櫻花蝦

營養素

蛋白質、牛磺酸、鈣、鐵、鋅

能獲得的功效

強化肝功能、強化牙齒及骨骼、消除疲勞、精神安定、預防糖尿病、強化心臟功能

料理方式▶乾燥後的櫻花蝦可直接加到鮮食中做為配料，也可在煮湯時用來提味，是非常寶貴的食材。

干貝

營養素

蛋白質、鋅、維生素B_{12}、牛磺酸、硒

能獲得的功效

強化肝功能、預防糖尿病、改善貧血、強化心臟功能、控制血中膽固醇濃度

料理方式▶新鮮的干貝可加熱煮熟後餵食，乾燥的干貝則可當作低熱量的零食，十分方便。

青海苔

營養素

β-胡蘿蔔素、碘、鋅、鐵、鈣、膳食纖維

能獲得的功效

強化牙齒及骨骼、預防貧血、精神安定、保持甲狀腺機能穩定、預防便祕

料理方式▶很多貓咪都非常喜歡吃烤過的海苔，有些貓咪一看到飯上灑了海苔就會非常興奮。

海藻類

營養素

β-胡蘿蔔素、碘、鋅、鐵、鈣、膳食纖維

能獲得的功效

強化牙齒及骨骼、預防貧血、精神安定、保持甲狀腺機能穩定、預防便祕

料理方式▶由於膳食纖維無法消化便會經由糞便排出，因此也可善加利用切碎後熬煮出來的高湯。

青花菜

營養素

膳食纖維、維生素C、葉酸、鉻、鈣

能獲得的功效

維持皮膚及骨骼的健康、預防便祕、抗氧化作用、預防糖尿病、預防動脈硬化

料理方式▶稍微水煮後即可餵食，喜歡吃青花菜的貓咪不在少數，這一點經常讓大家感到十分驚訝。

玉米

營養素

醣類、蛋白質、維生素B_1、玉米黃素

能獲得的功效

保護皮膚及黏膜、整腸、預防便祕、抑制癌細胞、預防動脈硬化、改善過敏現象

料理方式▶水煮後餵食。順帶一提，筆者家的貓咪就超級喜歡甜玉米。

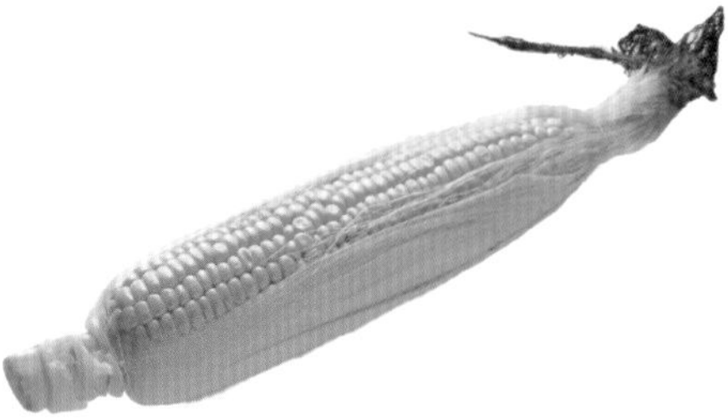

南瓜

營養素

醣類、維生素C、維生素E、硒、膳食纖維

能獲得的功效

維持皮膚及黏膜的健康、改善便祕、預防糖尿病、抗氧化作用、消除疲勞

料理方式▶將南瓜煮到軟後，說不定會讓身為肉食動物的貓咪愛上它。

胡蘿蔔

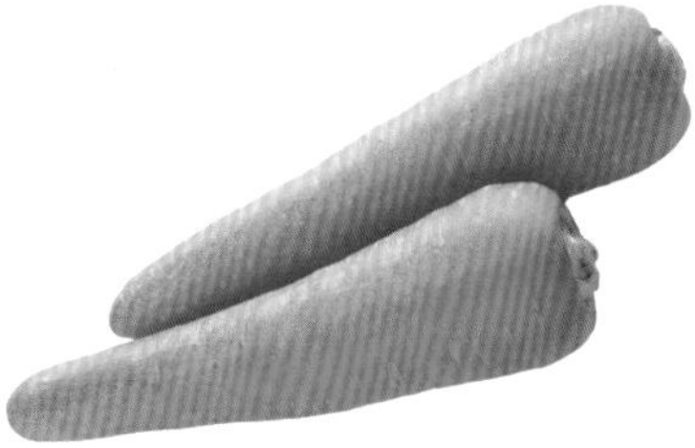

營養素

菸鹼酸、維生素C、茄紅素、花青素

能獲得的功效

維持皮膚及黏膜的健康、改善便祕、抗氧化作用、促進血液循環、升高體溫

料理方式▶水煮能讓胡蘿蔔變得又軟又甘甜，有些貓咪很喜歡這種味道，很適合當作配料。

水煮毛豆

營養素

蛋白質、菸鹼酸、鈣、鐵、皂苷

能獲得的功效

消除便祕、整腸作用、消除疲勞、利尿效果、預防水腫、預防動脈硬化

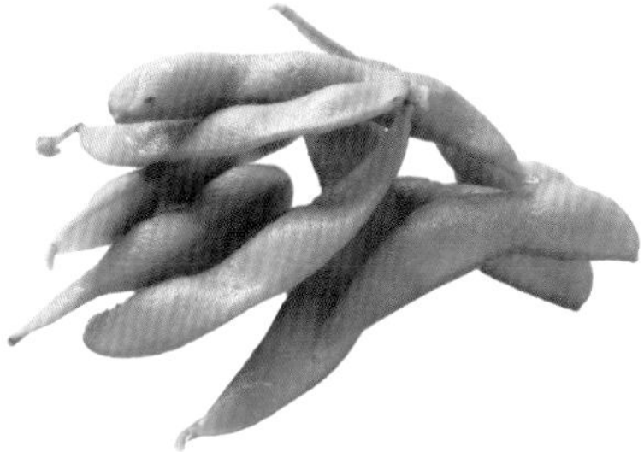

料理方式▶一般都是水煮後餵食，磨成泥也是不錯的選擇，不過一旦發現貓咪有脹氣的現象時就要停止餵食。

香菇水

營養素

泛酸、菸鹼酸

能獲得的功效

增加水分攝取量

料理方式▶當小魚乾煮出的高湯或肉湯無法讓貓咪產生食慾的時候，不知為何有時候乾香菇泡出來的水卻能讓牠們的食慾大增。

麵包

營養素

醣類、蛋白質

能獲得的功效

能量來源

料理方式▶喜歡吃麵包的貓咪並不少見，只要有攝取到足夠的水分就不用擔心鹽分問題。（P.15）

白飯

營養素

醣類、蛋白質、肌醇、γ-穀維素

能獲得的功效

能量來源、整腸作用、抑制癌細胞、預防動脈硬化、促進脂肪代謝

料理方式▶雖然不能當作貓咪的主食，但就像網路上那些貓咪對剛煮好的白飯大快朵頤的影片一樣，是很普通的食材。

薯類

營養素

醣類、維生素B_1、維生素C、膳食纖維

能獲得的功效

維持皮膚及骨骼的健康、精神安定、抗壓作用、改善便祕、整腸健胃

料理方式▶雖然貓咪是完全肉食性動物，但也有貓咪很喜歡吃薯類食物，將其蒸熟後即可餵食。

炸豆皮

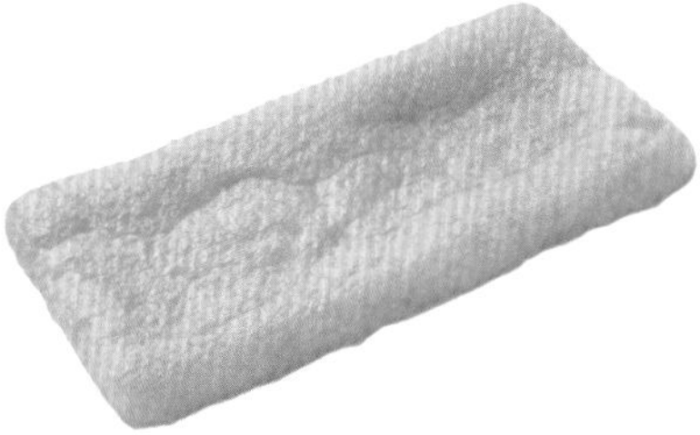

營養素

蛋白質、脂肪、碳水化合物、鈣、維生素E

能獲得的功效

強化肝功能、抗氧化作用、預防動脈硬化、降低血中膽固醇濃度、預防血栓

料理方式▶獨特的滋味受到很多貓咪的歡迎，可加在湯裡當作配料或是烤過後直接餵食。

乳製品

營養素

蛋白質、維生素A、鈣、乳鐵蛋白

能獲得的功效

促進發育、維持骨骼牙齒的健康、精神安定、強化肝功能、整腸、改善便祕

料理方式▶雖然發育到成貓之後就不再需要，但若是貓咪喜歡的話可用來促進牠們的食慾。

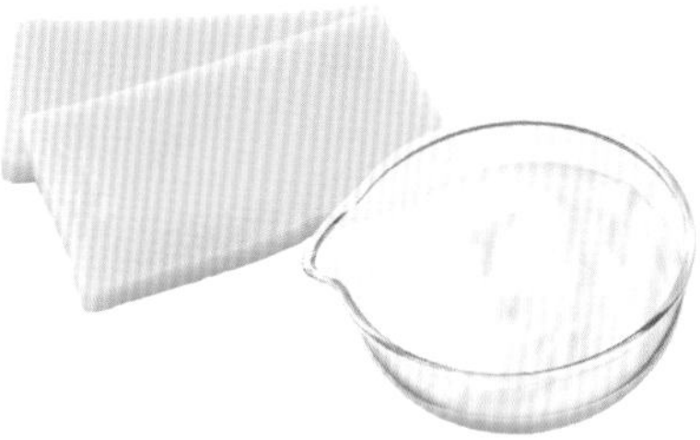

植物油

營養素

脂肪、油酸、亞麻油酸、維生素E、維生素K

能獲得的功效

預防動脈硬化、強化骨骼、降低血中膽固醇濃度、預防糖尿病、消除便祕

料理方式▶可直接添加在已經準備好的食物中，也可用來拌炒要餵食的青菜。

如何讓貓咪愛上鮮食

食材的基本切法與烹調法

自然界的貓咪吃老鼠時並不會噎到

貓咪吃老鼠或吃魚的時候，自己會將食物咬碎到容易吞嚥的程度後再吞進胃裡。每一隻貓咪都具有這種能在自然界生存的智慧，因此並不會發生食物堵塞在喉嚨而導致窒息的情況，即使真的發生了，在「非生即死的自然界」裡，也只能說是一種自然的淘汰現象。

經常有飼主會詢問筆者，關於貓咪的食材應該要切成什麼大小比較好。基本上貓咪會有自己喜歡的進食方式，交給貓咪自己決定就可以了，不過一般來說，能夠通過食道的大小大約是直徑7～8公釐，也可參考乾飼料的直徑大小來準備鮮食。當然也有貓咪會喜歡吃泥狀的食物。

此外，無論肉類還是魚類，每隻貓咪的喜好也各有不同，有的喜歡吃生的，有的喜歡吃水煮的，也有喜歡吃蒸的、烤的或是炒過的。

還有的貓咪明明昨天吃的是煎過的食物，今天就變得非要吃生食，每天的喜好都有所變化。

找出貓咪的飲食喜好，也可說是養貓的樂趣之一。

貓咪和狗狗的每日營養需求量（單位：每公斤體重）

	貓咪	狗狗
蛋白質（g）	7.0	4.8
脂肪（g）	2.2	1.0
鈣（g）	0.25	0.12
氯化鈉（g）	0.125	0.10
鐵（mg）	2.5	0.65
維生素A（IU）	250	75
維生素D（IU）	25	8
維生素E（IU）	2.0	0.5

製作鮮食的好用工具

食物研磨機

想要將乾燥食品磨成粉狀，讓貓咪一次完整攝取到各種營養的時候，即可使用「食物研磨機」。許多飼主都會將研磨出來的粉末灑在鮮食上當作配料餵食，若想將小魚乾、櫻花蝦、海藻、乾香菇等食材磨成粉末時，研磨機是最適合的工具。

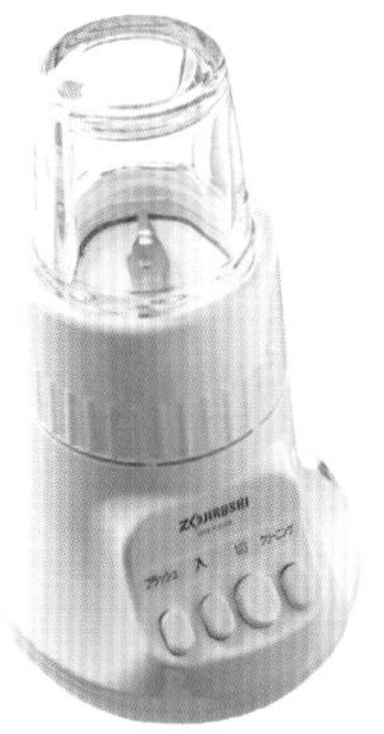

食物調理機

相對於研磨機可將乾燥食品磨成粉末，食物調理機則是用來將含有水分的食材切碎、磨成泥或打成肉泥的工具。此外，不像果汁機是將所有食材一視同仁全部攪碎，食物調理機可自由調整要將食材切得大塊一點還是小塊一點，非常方便。

微波爐用壓力鍋

壓力鍋是一種能在短時間內將食材燉煮到軟嫩的好用工具，不過烹煮貓咪鮮食的時候，即使一次煮好幾頓，整體的分量對一般的壓力鍋來說仍然太少，不是很適合，因此在此推薦各位飼主不妨試試最近很夯的微波爐專用壓力鍋。

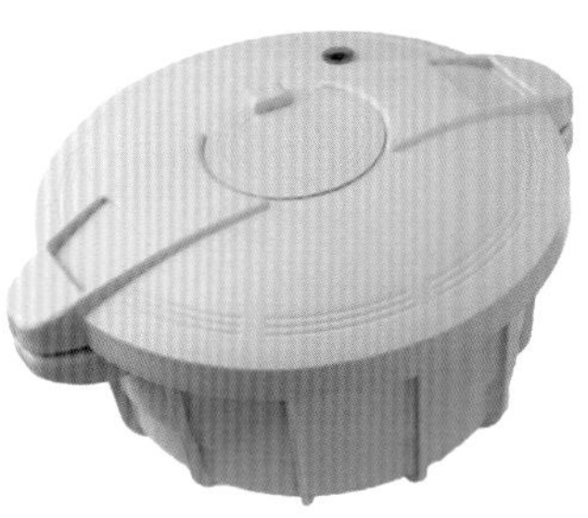

如何讓貓咪愛上鮮食

自製鮮食的保存技巧

一次多準備幾頓飯，減少「做菜所花的工夫」

雖然有些飼主可能會為自己的偷工減料而產生罪惡感，但若換個角度從「節省工夫」的觀點來看，其實這是一種合理、不白費力氣的聰明方式。

以下的方法很多都是來到本院的飼主們告訴我們的，筆者到現在也經常利用這些資訊。

「如果跟別人說『自己很忙沒時間煮鮮食』，就會被嫌棄說『那你就不該養貓』。」即使是煩惱這種事情的飼主，只要利用冷凍保鮮等方式，就可以在休假日一次多準備幾頓鮮食並加以保存，要餵飯時再解凍使用即可。

如果是擔心「將冷凍的食物解凍後會不會流失營養」的話，儘管營養多少會流失一些，但並沒有到對身體會有不良影響的程度，實際上也不會出現什麼嚴重的問題。

重點就在於要以貓咪一餐的分量為基本，分裝成一份一份保存，避免多次反覆解凍。此外為了方便使用，最好也將蔬菜和肉類分開保存，要餵食的時候再加以混合搭配。

活用製冰盒或保鮮袋

貓咪一餐所需的湯汁和狗狗比起來要少上許多，與其使用冷凍保鮮袋，使用製冰盒可能還要更為方便。

此外，冷凍保鮮袋雖然是很好用的工具，但若將肉類、魚類和蔬菜混在一起，有可能出現變色、變質的現象，因此最好還是分開保存。另外，蔬菜最好要加熱煮熟後再保存，肉類可冷藏保存2～3天，冷凍保存則是一個月左右，飼主在購買食材時要先預估一下分量。

基本技巧

食材不要混在一起！

有些食材所含的成分彼此之間可能會產生化學作用，造成變色或變質的現象發生。因此基本上，最好將肉類、魚類和蔬菜分門別類地放進冷凍保鮮袋中，再將空氣擠出、袋子壓平後冷凍保存，這是因為食物變質的最大原因就是接觸到空氣。

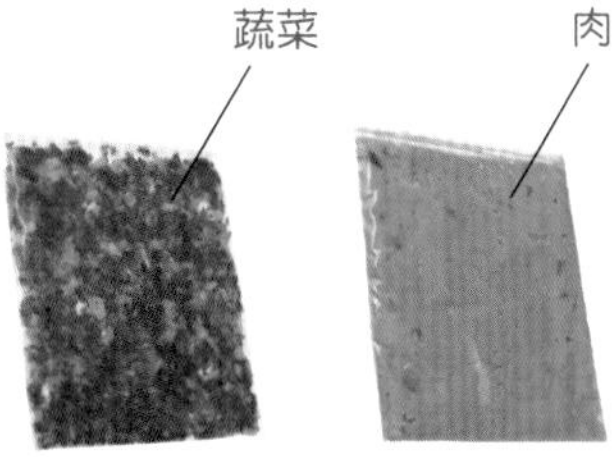

蔬菜加熱煮熟後再冷凍

蔬菜和肉類或魚類不一樣，若將新鮮蔬菜直接加以急速冷凍，結凍的細胞內仍會進行酵素反應，導致解凍時纖維變硬或是外觀變色失去原貌。為了避免這種情形發生，最好先將蔬菜煮熟後再放進冷凍庫。當然，有些種類的蔬菜也是可以直接進行冷凍的。

冷凍最多可保存一個月

由於一般家庭中的冷凍庫會時開時關，很容易產生溫差，導致食材的細胞膜遭到破壞而品質變差。而且並非所有的雜菌都會因冷凍而死亡，雖然細菌不會大量增殖，但不論是從衛生方面還是從食材的味道方面，最好都不要冷凍超過一個月。

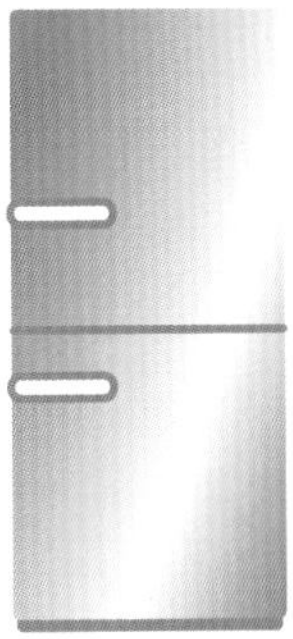

如何讓貓咪愛上鮮食

首先從加料開始

成功的祕訣在於一點一點地改變

貓咪會把六個月齡以前吃過的食物認定為可以吃的食物，在那之後如果接觸到新的食物，就會很自然地產生警戒，開始出現「這個東西我沒吃過，真的是可以吃的食物嗎？」這種反應。

因此，如果要改變貓咪的飲食，基本原則就是要「將新的食物一點一點地混在原來的食物裡」。所謂「欲速則不達」，請各位飼主務必要耐心地等候。

簡易食譜

①雞骨高湯

【材料】

雞骨　適量／水　一鍋

【作法】

❶將雞骨稍微用水沖洗後，以大量的熱水水煮約一分鐘。

❷雞骨撈出後放進冷水裡浸泡，去除掉雞骨上附著的內臟或碎肉。

❸在鍋裡加入水及切成適當大小的雞骨，從冷水開始煮，水滾後轉小火，以小火燉煮約1～2小時，燉煮期間要將湯裡的浮沫撈掉。

❹雞湯放冷之後，倒入製冰盒中加以冷凍保存。

recipe

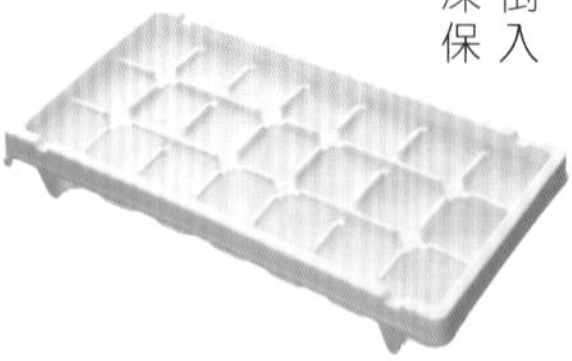

簡易食譜

②雞肉鬆

【材料】

雞里肌肉

【作法】

❶將雞里肌肉蒸熟、放冷後剝成碎肉。

❷將①放入平底鍋內乾煎，再放入食物調理機內打成粉狀。

❸將②放進密閉容器內加以冷凍保存。

recipe

以密閉容器冷凍保存

加料時的小祕訣

把貓咪愛吃的食物放在最上面

一開始最重要的就是吸引貓咪的注意，有時貓咪一看到自己愛吃的食物放在最上面，就會開始吃飯。不過若貓咪只是把上面的食物吃掉卻動也不動下面的食物時，就必須把牠們愛吃的食物同時混到飯裡和放在最上方。

稍微加熱食物

增進貓咪食慾的祕訣之一，就是增添食物的香味。大家應該都知道在食物上灑上一些木天蓼的粉末，可以刺激貓咪的食慾，而市售的乾飼料也會特別增添香味以免貓咪吃膩。自製鮮食也是一樣，利用烤或炒等方式加熱後，更能吸引到貓咪的注意。

將食物勾芡

貓罐頭之所以做成黏黏糊糊的樣子，就是因為貓咪很喜歡吃黏糊狀的食物。除了可以利用葛粉或太白粉將鮮食勾芡做成類似燴飯的型態之外，也可以將蔬菜、魚類、肉類等食材以水煮方式煮軟後，連同湯汁一起用果汁機打成泥狀後再加入洋菜加以凝固。

如何讓貓咪愛上鮮食

基本的貓飯食譜

貓咪擁有絕佳的調適能力！

像我們人類一樣，貓咪也可以把蛋白質轉換成醣類和脂肪。而醣類與脂肪之間雖然可以互相轉換，但醣類與脂肪都不含有氮原子，因此無法轉換成蛋白質。

這個事實其實只是表示「貓咪只要有蛋白質，即使沒有攝取醣類也可以生存」，但是不知道為什麼，卻演變成「若是讓貓咪吃下含有大量醣類的穀類會有危險」或是「讓貓咪吃穀類會對牠造成負擔」這一類的言論，實在是非常奇怪。

「即使不吃也可以生存」與「不能吃」是完全不同的兩回事，而原本就沒有在吃和吃了以後能不能適應，又是不同的兩回事。受到這些極端言論影響的飼主們，其實是很可憐的，而真正的事實是，貓咪是「能夠適應雜食的肉食性動物」，因此基本上什麼食物都可以吃，只要記得不要讓牠吃素就好。

此外，左頁所說明的食物比例，只是剛開始自製鮮食時的參考，視情況也可適當增減。在這裡主要是想告訴大家，貓咪之所以飲食中一定要有肉類或魚類等動物性食材，是因為貓咪和狗狗不一樣，彼此之間有著諸如貓咪無法將β-胡蘿蔔素轉換成維生素A等「犬貓之間的差異」（請參考本書第18頁及19頁），所以才需要所有的必需營養素，希望每位飼主都能了解這個觀念。

另外，貓咪對於所需的營養擁有自我調節能力，只要不極端地連續三個月都只餵貓咪吃生心臟，就不會有什麼問題（請參考本書第15頁）。

鮮食的基本
烹調方法

自製鮮食＝肉魚類７：蔬菜類２：穀類１＋α

請不要將這個比例當作絕對的依據，可適當地加以調整。有些貓咪一定要有更高比例的肉或魚才願意吃飯，有些貓咪則喜歡蔬菜多一點。大家可利用這裡的資料當作起點，只要記得不要將鮮食變成100%全素食，也不要讓貓咪吃得太多以免過胖。

熟食

❶ 將白飯煮好備用。
❷ 將蔬菜仔細清洗後切碎。
❸ 把肉類（魚類）切成一口大小，與②、植物油一起炒熟。
❹ 在貓碗中放入①一大匙（12g）和③，灑上小魚乾粉。
❺ 將所有食材拌勻。

生食

❶ 將白飯煮好備用。
❷ 將蔬菜仔細清洗後切碎，並用植物油炒熟。
❸ 把肉類（魚類）切成一口大小。
❹ 在貓碗中放入①一大匙（12g）、②和③，灑上小魚乾粉後，將所有食材拌勻。

注意　人類不能生吃的食材，一定要煮熟後才能餵給貓咪吃。

〔每餐………70 ～ 100g　每天兩餐〕

※上述餵食量在不同的貓咪之間會有個體差異，有可能過多或過少。
請依據自家貓咪的狀況調整餵食量和餵食餐數。

食譜1

雞肉拌飯

利用消化吸收率可達95%的雞肉製作的貓飯

【材料】

雞肉……………………40g
南瓜……………………10g
洋菇……………………1g
高麗菜…………………5g
白飯……………………一大匙
植物油…………………四茶匙
小魚乾粉………………適量

【作法】

可配合貓咪的喜好準備熟食或生食，
具體作法請參考P 51的基本食譜。

食譜2

雞肝拌飯

維生素A可防止感染發生！

【材料】

雞肉……………………30g
雞肝……………………10g
胡蘿蔔…………………10g
青花菜…………………5g
高麗菜…………………5g
白飯……………………一大匙
植物油…………………四茶匙
小魚乾粉………………適量

【作法】

請參考P51的「熟食」基本食譜。

食譜3

雞軟骨拌飯

偶爾也要讓貓咪吃些有嚼勁的食物！

【材料】

雞肉…………………30g
雞軟骨………………10g
南瓜…………………10g
蘆筍…………………10g
高麗菜………………5g
白飯…………………一大匙
植物油………………四茶匙
小魚乾粉……………適量

【作法】

請參考P51的「熟食」基本食譜。

食譜4

雞心拌飯

獨特的風味喚醒貓咪的野性之心！

【材料】

雞肉…………………30g
雞心…………………10g
白蘿蔔………………10g
小松菜………………10g
白飯…………………一大匙
植物油………………四茶匙
小魚乾粉……………適量

【作法】

請參考Ｐ51的「熟食」基本食譜。

食譜5

豬肉拌飯

用維生素B1改善容易疲勞的體質

【材料】

豬肉……………………40g
蕪菁……………………10g
香菇……………………一朵
大蒜……………………1g
（譯註：大蒜對貓咪具有毒性，詳如P100之譯註，請飼主務必謹慎斟酌大蒜對貓咪可能造成的健康風險。）
白飯……………………一大匙
植物油…………………四茶匙
小魚乾粉………………適量

【作法】

請參考P 51的「熟食」基本食譜。

食譜6

牛肉拌飯

增強體力、強化免疫力！

【材料】

牛肉……………………40g
白蘿蔔…………………10g
青花菜…………………5g
高麗菜…………………5g
白飯……………………一大匙
植物油…………………四茶匙
小魚乾粉………………適量

【作法】

可配合貓咪的喜好準備熟食或生食，
具體作法請參考P51的基本食譜。

食譜7

白肉魚拌飯

低脂食材最適合減重中的貓咪！

【材料】

白肉魚……………………40g
胡蘿蔔…………………5g
番薯……………………10g
秋葵……………………5g
白飯……………………一大匙
植物油…………………四茶匙
小魚乾粉……………適量

【作法】

可配合貓咪的喜好準備熟食或生食，具體作法請參考P51的基本食譜。

食譜8

鮭魚拌飯

鮭魚的美味能勾起貓咪的食慾！

【材料】

鮭魚……………………40g
青花菜…………………5g
馬鈴薯…………………10g
洋菇……………………5g
白飯……………………一大匙
植物油…………………四茶匙
小魚乾粉……………適量

【作法】

請參考P51的「熟食」基本食譜。

食譜9

竹筴魚拌飯

小心還沒煮好就被貓咪搶走！

【材料】

竹筴魚………………40g
白蘿蔔………………10g
高麗菜………………5g
南瓜…………………10g
白飯…………………一大匙
植物油………………四茶匙
小魚乾粉……………適量

【作法】

可配合貓咪的喜好準備熟食或生食，具體作法請參考P51的基本食譜。

食譜10

雞蛋拌飯

一碗就能滿足必需胺基酸的攝取！

【材料】

白煮蛋………………一顆
白蘿蔔………………10g
青花菜………………5g
胡蘿蔔………………10g
白飯…………………一大匙
植物油………………四茶匙
小魚乾粉……………適量

【作法】

請參考P51的「熟食」基本食譜。

第2章

我家的克服疾病的15道私房食譜

尿路結石、過敏、膀胱炎、尿毒症、慢性腎衰竭、腎臟病、心臟病、貓感冒等疾病

病例 1

容易有鳥糞石尿路結石的體質在改成自製鮮食後不再發病

源太（19歲，♂）

ＢＢ（4歲，♂）

蘇洛（2歲，♂）

改變飲食的過程很辛苦，但之後就再也沒有結石了

源太從小到大已經發生過兩次鳥糞石尿路結石，獸醫師跟我說「是體質的關係」，於是開始讓源太吃處方飼料。為了找出真正的解決方法，在經過不斷地摸索之後，我試著將牠的飲食從原先的處方飼料改為自製鮮食，沒想到從那之後就真的再也沒有發病了。

由於貓咪們一直都覺得脆脆的乾飼料才是主食，所以一開始牠們完全不肯吃鮮食，讓改變飲食的過程十分艱辛。不論是雞肉還是生魚片，都完全不肯吃。

因為小魚乾是牠們吃慣的零食，於是從我把小魚乾煮出來的高湯淋在乾飼料上開始。一直到貓咪終於願意把一起放進飼料裡的雞肉也當作食物吃下為止，這段轉換食物的過程花了足足有半年之久。

而讓我印象深刻的是，貓咪在改吃自製鮮食之後，整個眼神都變得完全不一樣了。

但這次因為發情期的關係，家裡的三隻貓咪全都長出了嚴重的粉刺，幸好在食物裡添加了須崎動物醫院的營養食品連續兩個星期後，三隻貓咪都沒有再長出粉刺了。

回顧整個過程，我發現最重要的，就是要以不焦躁、耐心等候的心態度過這段過程。

須崎醫師的補充說明

雖然一般都認為改善鳥糞石尿路結石的關鍵在於控制鎂的攝取量，但其實重點是控制尿液的pH值以及避免讓尿液的濃度過於飽和。只要在飲食中多一點水分和動物性食材，再加上適度地運動，通常就能夠有所改善。

不斷地嘗試錯誤後終於成功！我家的私房鮮食食譜

糙米雞肉飯

餵食餐數…一天兩餐
每餐… 70～100g

材料

- （整體分量的五成）……糙米
- （整體分量的四成）……雞肉
- （剩餘比例）
  蔬菜粉或水煮蔬菜、芝麻、納豆、貓用乳酸菌、果仁粉（譯註：須崎動物醫院特製的magic powder，主要成分為杏仁等核果製成的果仁粉末）、亞麻仁粉、食用椿油（或特級初榨橄欖油）、少量味噌（醬油）、適量礦泉水

重點

防範結石的第一課題就是利用肉類讓貓咪多攝取水分！

作法

❶將雞肉放入加了油的礦泉水中水煮後，再把所有食材攪拌在一起。

私房小祕訣

[食材的搭配比例]… 蔬菜：雞肉（魚）：糙米：亞麻仁粉
＝1 ： 4 ： 4.5 ： 0.5

[其他]………………… 乳酸菌一匙、果仁粉（magic powder）* 健康的時候半匙、身體不舒服的時候1～2茶匙。

[水分攝取的方法]… 利用高湯或甚至是加了一點點味噌、醬油或鹽的湯汁，貓咪就會把飯吃得一乾二淨了，不過記得要嚴加挑選食材的品質。

[食材的形狀]……… 十九歲的貓咪適合吃切碎的食物，若是年輕的貓咪則不用太過講究。

※（譯註：須崎動物醫院特製的magic powder，主要成分為杏仁等核果製成的果仁粉末）

病例 2

被診斷為一輩子都治不好的鳥糞石尿路結石也在三週內獲得改善！

小空（5歲，♂）

即使不依賴處方飼料也有飼主能做到的事

小空在二〇〇九年九月的時候，開始出現血尿現象，尿液中含有非常多的鳥糞石結晶，同時也被診斷出有膀胱炎。

動物醫院的獸醫師告訴我：「這個是因為『體質』的關係，一輩子都無法治癒，所以一定要讓牠吃『處方飼料』。」但根據我過去的種種經驗，我決定不讓牠服用藥物或吃處方飼料，而是開始讓牠改吃自製鮮食。

小空一開始就不排斥自製鮮食，幾乎是立刻就願意接受它。

過了幾天之後，小空變得能夠順暢地排出尿液，並在發病的三星期後去動物醫院驗尿時，發現尿液中的鳥糞石結晶全都消失了，尿液也變得十分清澈，連醫師都覺得很不可思議。

我們家因為飼養了很多隻貓咪，雖然一開始其他貓咪怎麼也不肯吃鮮食，但之後也是一隻接著一隻，漸漸地願意接受飲食的改變。而其中最重點的一點，我覺得就是不要放棄，因為每隻貓咪都會有「這碗飯看起來好像也不錯」的瞬間，只要耐心等候到這個轉捩點，牠們自然就會願意吃了。

須崎醫師的補充說明

貓咪有一種特性，就是只把六個月齡以前吃過的東西認定為自己未來應該固定吃的食物。不管那個食物對自己的身體是好是壞，都會發揮天生的警戒心質疑「這個東西可以吃嗎？」因此飼主們最重要的就是要耐心地等待牠們接受新的飲食。

不斷地嘗試錯誤後終於成功！我家的私房鮮食食譜

壓力鍋之雜燴煮

餵食餐數…一天一或兩餐
每餐…70～100g

材料

- 雞胸肉＋竹莢魚……（整體分量的七成）
- 杏鮑菇、胡蘿蔔、南瓜、昆布……（整體分量的三成）
- 水煮番茄罐頭……（做為燉煮時所需的水分，適量）

重點

將肉類、魚肉和蔬菜都用壓力鍋燉煮！

作法

❶ 雞肉和魚肉不用切，其他食材則切成大塊（約 3～4 公分大小）後一起放入壓力鍋內。

❷ 在①中加入水煮番茄罐頭後，將壓力鍋蓋上開始燉煮。燉煮完後將食材取出，將雞肉和魚肉以外的食材都以食物調理機切碎，雞肉和魚肉則用筷子剝成1～2公分大小。

私房小祕訣

[食材的搭配比例]…（魚＋雞胸肉）：（蔬菜＋海藻類＋菇類）＝7：3

[其他]…………………最後放上貓罐頭或小魚乾

[水分攝取的方法]…將鰹魚、昆布、乾香菇、菇類或胡蘿蔔等食材與肉類、魚類一起燉煮，就會煮出好喝的高湯。

[食材的形狀]………利用食物調理機將食材盡量切成小塊或切碎（我家的貓咪經常會把大塊的食物剩下來）

病例 3

飼料無法解決的鳥糞石結石與過敏問題

齊格（6歲，♂）

不只下巴粉刺，毛髮、過敏問題也一併改善

因為相信貓咪吃乾飼料比較不容易有牙結石的說法，所以我家一直都餵貓咪吃乾飼料。儘管如此，我家的貓咪卻還是罹患了嚴重的牙齦炎，於是我開始思考會不會與貓咪的飲食有關。

而在半年後的二〇一一年六月，由於發現到齊格一直頻繁地上廁所，因此趕緊將牠帶到動物醫院檢查，被診斷出患有膀胱炎且尿液中還有鳥糞石結石。同一時期，我家的另一隻貓咪（一歲）在施打預防針的時候，也因為嘴巴周圍紅腫而被獸醫師診斷為「疑似對食物過敏」，於是建議我分別改餵不同的處方飼料。

利用這個機會，再加上已經在餵寵物鮮食的朋友勸說，我決定開始自製貓咪的鮮食。

在改餵自製鮮食之後，之前疑似過敏的貓咪沒多久的紅腫嘴巴周圍就消退，也沒有再出現過敏症狀。

而齊格則是在注射過兩次抗生素後開始吃處方飼料，之後我才漸漸幫牠轉換成自製鮮食，經過一個月左右，不但牠的毛髮變得更有光澤，下巴粉刺痊癒，連耳朵也變得乾淨又健康。

雖然因為牙周病而拔掉了一部分的牙齒，但現在也已經獲得好轉而不再有口臭現象。

須崎醫師的 補充說明

根據本院的診療經驗，若動物反覆地發生尿路結石，在牠們的尿路中幾乎都有某處在發炎。由於疾病不可能在沒有任何理由的情況下反覆發作，為了找出尿路發炎的病原是從哪裡入侵，請一定要將貓咪帶去動物醫院檢查唷。

不斷地嘗試錯誤後終於成功！我家的私房鮮食食譜

生雞肉泥

餵食餐數…一天兩餐
（總量約120g）

材料

- 雞胸肉…………60g
- 水煮南瓜泥……10g
- 雞內臟（雞肝、雞心、雞胗）
  …………………30g
- 豆苗……………10g
- 納豆……………10g
- 芝麻……………1/2 小匙
- 水………………適量

作法

❶將所有材料切碎。
❷慢慢將少量水加入①中調成糊狀。

重點

也很推薦將青花菜、胡蘿蔔等蔬菜水煮後打成泥狀混入肉泥裡。另外也可以在鮮食上灑上少許的乾飼料。

私房小祕訣

[成貓一天的餵食量]

〔蔬菜〕	青花菜、胡蘿蔔、豆苗（生食）等…20～30g
〔蛋白質〕	雞肉…60g 內臟（雞肝、雞心、雞胗）…30g
〔穀類〕	偶爾可加入約10g的白粥
〔其他〕	蛋殼、芝麻、杏仁等……少許

[水分攝取的方法]… 在自製鮮食裡加水調成有些軟爛的糊狀。

[食材的形狀]……… 不要將食材全部打成泥狀，留下一些可咀嚼的肉類。

病例 4

連草酸鈣結石也可利用貓罐頭風的自製鮮食解決

小太郎（19歲，♂）

十八歲才開始換成鮮食但貓咪也願意吃的祕訣

我家除了貓咪之外，還養了三十隻的吉娃娃。由於其中一隻在得了鳥糞石結石後，在完全沒吃處方飼料餵食自製鮮食的情況下獲得了改善，因此想說也許鮮食對是貓的小太郎也會有效，於是決定來挑戰看看。

小太郎十八年來都是以乾飼料為主食，因此最初看到鮮食的時候完全不願意張嘴去吃。而我本身因為個性比較隨性，覺得牠「肚子餓的話自然就會吃了」，也不準備其他的食物，就這樣每天跟牠比耐性。而因為牠非常喜歡吃貓罐頭，所以在我把鮮食做成像貓罐頭一樣的食物後，終於願意吃了。

蔬菜、魚、肉、海藻、白飯、柴魚片或小魚乾，將食材全都煮到軟爛後和煮出來的湯汁一起用果汁機打成糊狀，再用洋菜凝結以便讓貓咪多攝取一些水分，這就是我常用的基本食譜。從停用處方飼料改成全鮮食這一年半以來，小太郎的尿結石完全沒有再發作過，目前也非常健康地生活著。

而目前的現狀則是因為我每天都要幫三十隻狗狗準備鮮食，所以不可能特意花工夫去幫貓咪準備牠專用的鮮食。

於是我根據這個食譜，利用和我家狗狗鮮食一樣的材料並增加肉類或魚類的比例，成功地改版成為貓咪專用的雜菜粥。

須崎醫師的補充說明

十八年來都習慣吃乾飼料的貓咪也能成功轉換成自製鮮食，這都是飼主的努力所換來的成果。而能夠克服一般只能要動手術才能解決的草酸鈣結石，想必也是其他飼主的希望吧。

不斷地嘗試錯誤後終於成功！我家的私房鮮食食譜

和貓罐頭極為相似的鮮食

餵食餐數…一天一或兩餐
每餐…70～100g

材料

- （整體分量的三成）……胡蘿蔔、高麗菜、南瓜、小松菜
- （整體分量的兩成）……雞肝
- （整體分量的四成）……鯖魚水煮罐頭
- （整體分量的一成）……羊栖菜炊飯
- （其他）…………………洋菜

作法

❶ 將所有材料煮到軟爛，放冷後和煮出來的湯汁一起用果汁機攪拌。
❷ 加入洋菜後再開火加熱一次，倒入保鮮盒中冷卻凝固後即可完成。

※每次製作三天份的量放入冰箱冷藏保存。

重點
為了將轉換食物所造成的壓力降到最低，貓罐頭風格的鮮食可說是最佳主意！

私房小祕訣

[食材的搭配]……… 切碎的蔬菜：肉：魚：穀類＝3：2：4：1
[其他]………………… 為了增添食物的風味可添加少量的鹽或味噌。

[水分攝取的方法]… 由於貓咪從小就習慣吃魚肉成分的貓食，所以會利用柴魚片或小魚乾等食材煮出的高湯，而且為了跟貓罐頭一樣還加了洋菜加以凝結，因此貓咪都會吃到一口不剩。
[食材的形狀]……… 雖然一開始有利用洋菜來將食物凝結，不過現在不管什麼形狀貓咪都願意吃。

病例5

從幼貓時期開始自製鮮食，能夠克服結石的鮮食湯

克服結石的重點在於強烈的決心與雞湯

平成十二年的時候，因為當時飼養的貓咪得到慢性腎衰竭，在找尋能夠幫助牠的好方法時，得知有些飼主會餵貓咪吃自製鮮食，於是自己也開始嘗試製作。由於那次的經驗，我決定在飼養下一隻貓咪的時候，從一開始就讓牠吃自製鮮食。

開始飼養幼貓後，一開始是早中晚一日三餐，直到半年後才變為早上及傍晚一日兩餐，再加上一頓宵夜輕食。要說有什麼辛苦的地方，就是要在貓咪因為沒興趣而不願意吃飯時，保持不妥協的態度面對在剩飯處理完後又來催討食物的貓咪。而貓咪所吃的食物，則是鮮食和乾飼料各佔一半。

但沒想到，後來貓咪居然被診斷出有尿結晶，我當時訝異不已：「怎麼會，明明是餵自製鮮食啊？」不過仔細想想，會不會是因為貓咪也有在吃乾飼料，所以只從自製鮮食中攝取水分是不夠的呢。於是我開始在貓咪平常吃的鮮食裡，餐餐都加入大量的自製雞湯（約100CC）。這樣持續餵了六個月之後，貓咪每次都能順暢地排出大量的尿液，而且尿液中的結晶也沒有再出現，現在一直過著健康的生活。

長介（4歲，♂）
小丹（4歲，♂）
桂子（1歲，♀）

須崎醫師的補充說明

就像飼主所說的一樣：「讓貓咪吃飯的方法，不是將食物放著等牠吃。即使飯有剩下，時間差不多就該收拾整理，要徹底執行並在下一次吃飯時間前不要餵任何食物。」這種嚴格的愛情是非常重要的。

度過轉換食物的過渡時期，我家的私房食譜

寵愛雞湯

餵食餐數…一天兩或三餐
每餐…70～100g

材料

- 雞胸肉…………30g
- 高麗菜＋胡蘿蔔＋蘿蔔葉……切碎後一大匙
- 貓罐頭…………適量
- 乾飼料…………適量

作法

❶ 將雞肉用稍微多量的水煮熟（煮雞肉的湯汁要一起加到飯裡）。
❷ 蔬菜切碎並水煮後，和①攪拌在一起。
❸ 以3：1的比例將②與貓罐頭混合，上面再灑上適量的乾飼料。

重點

在食物上灑上一些乾飼料是能夠增添食物香氣的好方法。

私房小祕訣

[食材的搭配]

雞胸肉或魚肉：（蔬菜＋穀物）＝6～7：4～3

※盡量讓蔬菜的種類愈多愈好。

[水分攝取的方法]…除了可以灑上柴魚片增添風味之外，也可以加入豆腐渣或馬鈴薯泥，增加食物的黏稠度。

[食材的形狀]………基本上是切成碎塊狀。不過我家貓咪喜歡南瓜切成2cm的大小，胡蘿蔔則喜歡磨成泥狀的。

病例 6

鳥糞石結晶在經過五年半後至今仍未再發生

就算平常要上班，還是在能做到的範圍內！

當初剛認養貓咪的時候，因為貓咪出現生病的症狀，於是急忙帶去動物醫院看病。在接受注射治療之後，雖然得到膀胱炎的貓咪後來就沒有再發病了，但有鳥糞石結晶的貓咪卻出現血尿的現象，食慾則還算正常。

由於這是我出生以來第一次和貓咪一起生活，因此在書店尋找各種和貓咪飼養有關的書籍想作為參考，結果發現了須崎醫師的書，於是開始在我能做到的範圍內幫貓咪準備鮮食（因為我平常要上班）。

或許因為這些貓咪原本都是流浪貓，所以剛開始都狼吞虎嚥地吃飯，但其實牠們不太喜歡吃蔬菜，且大多喜歡吃魚（平常的飯是肉類占九成比例，只有不好採購食材的時候才會餵魚），所以偶爾也會有不肯吃飯的時候。

而為了讓貓咪多攝取一些水分，因為貓咪似乎很喜歡味噌的味道，所以我偶爾會添加一些味噌，其他時候則是會利用柴魚片煮出的高湯。

另外，我還會變換灑在食物上的配料，以免貓咪吃膩而不肯吃飯。

雖然一開始決定不讓牠們吃處方飼料要全部餵飼鮮食的時候覺得非常不安，不過現在已經過了五年半都沒有再發病，目前每隻貓咪都非常健康地生活著。

海音（9歲，♀）

舞雪（9歲，♀）

夢風（8歲，♀）

須崎醫師的補充說明

對於是上班族的飼主來說，可能會覺得要準備自製鮮食十分困難，但其實可以利用準備自己食物時的空閒來製作。另外，雖然大部分的貓咪都不太喜歡吃蔬菜，但只要像準備小朋友的食物一樣，把蔬菜打成泥狀和肉類或魚肉混在一起就不會有問題。

不斷地嘗試錯誤後終於成功！我家的私房鮮食食譜

鋁箔紙烤雞拌蔬菜泥

餵食餐數…一天一餐
每餐…70～100g

材料

- 雞胸肉絞肉（八～九成）……約 100g
- 雞肝＋雞胗（一～兩成）
- 水煮蔬菜泥（胡蘿蔔＋青花菜＋羊栖菜）……兩大匙
- 白飯……………………………少許
- 水、味噌、柴魚片、紅花籽油……適量

作法

❶將雞胸肉絞肉與雞肝＋雞胗以8：2的比例混合。
❷將①用鋁箔紙包起放入平底鍋燜烤。
❸把水煮過的蔬菜打成泥狀，取用兩大匙備用。
❹在耐熱容器內加入少量的水和味噌，放進微波爐內加熱。
❺將②、③、④和少量白飯放入碗中，灑上少許紅花籽油後攪拌在一起，最後放上柴魚片。

私房小祕訣

[食材的搭配]
〔水煮蔬菜泥〕…… 兩大匙
〔肉類〕… 雞胸肉絞肉（八～九成）：雞肝泥＋雞胗泥（一～兩成）
〔穀類〕…… 有時會加入白飯
〔其他〕…… 紅花籽油一小匙、高湯、營養補充品
※使用魚肉的時候，會將烤好的魚肉剝碎，大部分用的是沙丁魚或竹莢魚。

[水分攝取的方法]… 利用味噌或柴魚高湯增添食物的風味。
[食材的形狀]……… 基本上都會將蔬菜打成泥狀。

病例 7

因膀胱炎、尿毒症而反覆出入醫院的貓咪

小噗（5歲，♂）

小李（5歲，♂）

找對方法，不讓飼主感到痛苦

小噗是一隻患有膀胱炎的貓咪，總是膀胱炎↓血尿↓住院↓出院↓再次發生膀胱炎↓惡化↓尿毒症……

小李則是一開始認養牠的時候就有類似膀胱炎的症狀，藥物治療後仍是不停出入院。

這兩隻貓咪住院時是給予點滴治療和插入導尿管幫助排尿，出院後則是將飲食改為處方飼料並給予口服藥治療。在這樣的方式下雖然症狀會暫時性地好轉，但相同的症狀總是不斷地反覆出現。食慾不是很好，體重也總是上上下下。

原本打算如果牠們不願意吃處方飼料的話就開始改成自製鮮食，但沒想到牠們什麼都願意吃所以減少了很多麻煩，只不過畢竟還是對食物的興趣不大，所以只好多想一些辦法來增加食物的香味和吸引力（在不讓飼主覺得痛苦的程度下）。

因為其中一隻貓咪會把蔬菜全都剩下來不吃，所以我們又把戰術改成在貓罐頭裡混入自製鮮食的方法。

在餵食期間我們發現了一件事，就是貓咪們好像也知道只要自己多喝一些湯身體就會變得比較舒服，所以每次吃飯的時候，都一定會先喝下大量的湯汁。

或許因為肉類鮮食吃了可以很耐餓，貓咪們對早餐的興趣一直不大，不過牠們的身體現在都已經變得很健康了。

須崎醫師的補充說明

貓咪如果在連續餵食生肉後的某天突然變得不肯吃的話，可以改成用烤肉和生肉輪流餵食。而清高湯或干貝高湯雖然味道很淡，但似乎很受到貓咪的喜愛，對芝麻油和橄欖油的接受度似乎也不錯。

目前我們家最常見的食譜

涼拌勾芡雞肉蔬菜

餵食餐數…一天一或兩餐
每餐…70～100g
※這道菜為晚餐的菜單

材料

- 雞胸肉……30~40g
- （高麗菜＋菇類＋南瓜）……約 20g
- 芝麻油……5g
- 〔不願意吃飯的時候〕
  乾飼料五顆、柴魚片

作法

❶將雞肉水煮後用手剝成細絲，與大致切碎的蔬菜拌在一起。
❷將太白粉水倒入煮肉的湯汁裡勾芡，與①混合後，再淋上芝麻油。
❸若貓咪不願意吃的話，上面再灑上約五顆的乾飼料。如果還是不吃的話就灑上柴魚片，或用手一口一口餵食。

私房小祕訣

[食材的搭配]

〔蔬菜〕…… 高麗菜＋菇類＋根莖類蔬菜，每餐約20g
〔肉類〕…… 雞肉、馬肉、袋鼠肉等交替使用，每次約30～40g
〔魚類〕…… 鮪魚、鮭魚等魚肉烤熟後剝碎，每次約30～40g
〔穀類〕…… 平常很少餵食，若有餵的話每隻貓咪約給20g
〔配料〕…… 芝麻油、高湯粉、柴魚片
〔其他〕…… 豆腐渣（炒過後加入約一茶匙的量）

[水分攝取的方法]…煮肉的湯汁、清高湯或干貝高湯等湯汁雖然味道很淡但貓咪很愛喝。

[食材的形狀]………大致切碎、留有一些咬勁的大小貓咪比較愛吃。

兩歲時被診斷出慢性腎衰竭 餵食鮮食後在四歲時情況趨於穩定

GAVI（9歲，♀）

用各種辦法，不讓貓咪持續吃同一食物而吃膩

GAVI兩歲的時候被診斷出有慢性腎衰竭，因此在計算過營養成分之後，我們把牠的飲食改為蛋白質33％左右、抑制磷攝取以及增加omega-3比例的自製鮮食。接著我們利用低脂的巴夫生食肉餅，將鮮食的成分改為使用90％的動物性蛋白質食材，到了牠四歲之後，腎臟指數總算都穩定下來，七歲開始到須崎動物醫院看診。

由於GAVI只要持續吃同一種食物，就會因為吃膩而變得不太願意吃飯，因此我每天都盡量使用不同的食材和不同的烹調方式（例如這頓用了雞里肌肉，那下一頓就改用雞腿肉或雞胗，並交替使用水煮、生食、燒烤等不同烹調方式），搭配的蔬菜也會經常變化。所使用的食材則盡量選擇安全的食材。

至於食材的體積大小，因為GAVI較喜歡吃塊狀的食物，喜歡那種大口咬住食物的感覺，所以像雞翅膀或小雞腿這種部位我就會保留原狀或只切成兩三塊餵給牠吃。雖然基本上牠不喜歡連續吃同樣的食物，但像是味道重的納豆或是特別愛吃的東西牠就不會介意，肉類的話則是雞肉或鵪鶉肉等禽肉，即使連續餵食也不討厭會願意吃下去。

另外，GAVI還很喜歡吃當季的食材（例如夏天就很喜歡吃烤香魚或烤不加任何醬料的原味鰻魚）。目前貓咪的慢性腎衰竭症狀都呈現穩定的狀態。

須崎醫師的 補充說明

有一種說法認為，在自然界裡若是持續吃同一種食物，中毒的可能性會比較高，因此有獲得「對食物容易吃膩」特性的動物個體才能夠選擇性地存活下來。因此，貓咪可說是擁有能夠在自然界存活之智慧的精英份子呢！

因為連續餵食雞肉而吃膩時，所使用的私房食譜

雞里肌雞肝佐納豆

餵食餐數…一天一餐約**150g**左右
晚上則只有喝湯

材料

- 雞里肌肉、雞肝
- 南瓜、青花菜、高麗菜
- 〔其他〕……納豆、水

作法

❶ 在小鍋內放入水、雞里肌肉、雞肝後稍微水煮一下，再將肉撕成適當大小。
❷ 用湯匙將蔬菜壓碎，高麗菜切碎，加入①的煮肉湯汁內。
❸ 將①、②盛入碗中，上面放上納豆，如有需要添加的營養補充品則另外摻入。

私房小祕訣

[食材的搭配]

〔蔬菜〕…… 淺色蔬菜、黃綠色蔬菜、蔬菜嫩葉（嫩芽）等選用2～3種
〔肉類〕…… 雞胸肉約80～90g、雞肝＋雞心等同一種動物的肉類＋內臟25～30g
〔魚類〕…… 青皮魚類用烤的，白肉魚則生食
〔穀類〕…… 很少餵食
〔配料〕…… 羊奶或優酪乳15～30g

[水分攝取的方法]… 每餐加入人類食物用的高湯（沒有高湯的話就用開水）20~30CC。若覺得貓咪水喝得不夠多時，會再給貓咪喝稀釋過的羊奶、優格或克菲爾（Kefir，源自高加索地區的一種發酵乳），裡面加入一些雞里肌肉。

[食材的形狀]……… 雞翅膀或小雞腿會保留原狀或只切成兩三塊，因為我家貓咪喜歡這種能大口咬的食物。

病例 9

十五歲時被診斷出腎臟病，在多方嘗試下連體重都增加了！

TA（15歲，♀）

利用貓咪最愛吃的食材引誘牠並漸漸讓牠習慣

TA在十五歲的時候，突然變得很消瘦而且沒有食慾，毛髮也變得很粗糙，在帶牠去動物醫院後，又因為太激動而無法對牠做任何治療，只能檢查牠所排出的一點點尿液，結果診斷出牠得了腎臟病。為了不讓牠增加任何壓力，所以只在牠的飼料中添加活性碳進行治療。這時候剛好看到貓咪的自製鮮食書籍，發現貓咪居然也可以和人類一樣，於是觸動了我的決心，決定來挑戰自製鮮食看看。

突然開始的前兩天，TA對鮮食完全視而不見，後來我發現只要把土雞的里肌肉蒸熟後用手剝碎，或是把雞肝烤熟後切成小塊，TA都非常愛吃。不過如果在食物裡混了切碎的蔬菜的話，TA就還是不願意吃……。

在進行了各種嘗試之後，發現可以用帶皮的烤鮭魚（TA喜歡吃烤魚）或飼料引誘牠吃飯，而且TA很喜歡吃將好幾種食材混在一起堆得高高地放在碗裡、再加水後呈現島狀的食物。至於食材的大小，則是大致切碎成約7～8公釐塊狀最為適當。

開始餵食自製鮮食以後，不但讓TA的體重增加，連口臭的情形也有所改善。雖然因為個性太過激動而無法帶去動物醫院治療，但只靠補充活性碳也讓TA健康地活到了十七歲。

須崎醫師的補充說明

雖然有些人很在意貓咪鮮食中額外灑上的配料鹽分會不會太多，但其實只要把鹽分濃度控制在整體飲食的1%以下就完全不會有問題（其實超過一些也不會有事）。如果飼主真的很擔心的話，可請教精通飲食療法的獸醫師進行確認。

利用食物的風味增進食慾！我家貓咪最愛的食譜

帶皮烤鮭魚蓋飯

餵食餐數…一天兩餐
每餐…90g

材料

- 〔肉類〕……雞里肌肉
- 〔魚類〕……帶皮鮭魚
- 〔蔬菜〕……高麗菜
- 〔穀類〕……剛煮好的白飯

作法

❶ 在平底鍋裡放入水和雞里肌肉燜煮，煮熟後用手將雞里肌肉剝成小塊。
❷ 在①煮肉的湯汁裡放入切碎的高麗菜水煮。
❸ 將①、②和剛煮好的白飯盛入碗中拌勻，並鋪上切成小塊的帶皮烤鮭魚。
❹ 將②的湯汁倒入碗中蓋過一半的食材。

重點

運用烤鮭魚的香氣，讓貓咪吃完充滿水分的蓋飯！

私房小祕訣

[食材的搭配比例]… 蔬菜：雞里肌肉＝2：8

[其他]………………… 太乾或湯汁太多都不行。
要將肉或魚煮得恰到好處，鮮嫩多汁。
將帶皮烤鮭魚鋪在食物上方。

[水分攝取的方法]… 每餐都會在碗裡加入可蓋過一半食材的湯汁（例如水煮雞里肌肉的湯汁）。

[食材的形狀]……… 切成約7～8公釐大小的塊狀。

病例 10

注意到的時候心臟病的症狀已經全都消失了

比布（11歲，♀）

對貓咪飲食的相關知識毫無所知也沒關係

比布因為出現了在半夜不斷咳嗽、排尿排便不順暢和過度換氣的症狀，在帶去動物醫院看診之後被診斷出有心臟病。因為這個緣故，我決定藉機將牠的食物改成自製鮮食。

一開始比布對鮮食本身完全沒有興趣，後來我將魚肉切塊、蔬菜盡可能地切碎並反覆從冷水開始水煮後，比布才開始願意吃鮮食。除了這些食材，因為會擔心營養方面的問題，因此還會另外添加營養補充品或花精，並一邊觀察比布的狀況，一邊減少市售乾飼料的餵食次數，利用這種方式將牠的飲食大致完全轉換成自製鮮食。

我會一次煮大量的鮮食後利用冷凍的方式保存，而比布也不知道是不是不想再繼續堅持，變得每頓飯都願意吃下去。

雖然我家也有飼養狗狗，不過除了餵食的白飯量有所不同之外，其他的食材都是完全一樣。

因為比布很喜歡吃泥狀的食物，所以我會利用手提攪拌機將食物打成泥狀，而不知道為什麼牠特別喜歡吃堆成小山形狀的食物泥，每次都吃得特別高興。

而原本被認為是心臟病的症狀，也在我注意到的時候全都消失了，現在是毫無症狀地生活著。

須崎醫師的補充說明

飼主在轉換食物的過渡期間所使用的方法：「不在鮮食上另外放上乾飼料或貓罐頭，而是將這些市售貓食與自製鮮食交替餵食，並視情況漸漸減少乾飼料或貓罐頭的餵食次數。」非常具有參考價值喔。

生魚片、生肉和白飯以外的食材，只要燉煮在一起就願意吃！

鮪魚海鮮雜菜粥

餵食餐數…一天一～兩餐
每餐…70～100g

材料

- 〔魚類〕……鮪魚、新鮮干貝
- 〔蔬菜、海藻類〕……香菇、羊栖菜、當季蔬菜、薯類、根莖類
- 〔穀類〕……剛煮好的白飯
- 〔湯汁〕……營養高湯粉、昆布

作法

❶ 將蔬菜、海藻類切成適當的大小，和營養高湯粉、昆布、新鮮干貝一起放入鍋中加水燉煮。
❷ 等①放冷之後，將干貝取出，剩下的食材以手提攪拌機打成泥狀。
❸ 用手將干貝剝成細絲，與②和剛煮好的白飯拌勻。
❹ 將③盛入碗中，再鋪上切成適當大小的鮪魚後即可完成。

※有時候會改用生肉當配料

私房小祕訣

[食材搭配比例]…… 蔬菜：魚類（肉類）＝1：1

[目前使用的食材]

〔蔬菜〕…… 蔥類以外的蔬菜（根菜類、葉菜類、薯類、菇類、海藻類）
〔魚類〕…… 鮪魚、新鮮干貝、鰹魚等
〔肉類〕…… 豬肉、雞肉、雞里肌肉、雞軟骨、雞胸肉、雞腿肉等直接將生肉鋪在飯上
〔穀類〕…… 煮熟的飯、小麥、雜糧等約半小匙
〔其他〕…… 有時會另外添加柴魚片、四分之一小匙碎納豆或乾蘿蔔絲

[水分攝取的方法]… 我家貓咪很喜歡喝須崎動物醫院的營養高湯粉泡出來的湯汁

[食材的形狀]……… 泥狀

病例 11

流浪貓的遺傳性心肌肥大 因為自製鮮食而不需服用藥物

小太郎（9歲，♂）

隨性而怕麻煩的飼主也能讓貓咪不需再吃藥！

小太郎是我原本在照顧的流浪貓的兒子，因為特別親人，所以我把牠帶回家飼養。0歲時因為被診斷出「遺傳性心肌肥大」而開始服藥，也住院過好幾次，負責的獸醫師建議將牠完全飼養在室內，但經過多次挑戰，大約在半年後還是以失敗告終。

四歲時更進一步地被診斷出有腎臟病的初期症狀，於是轉往須崎動物醫院看診。雖然我對自製鮮食的效果半信半疑，但想說可能多少可以對健康有所幫助而開始幫牠準備鮮食。

現在也是和市售的貓飼料一起餵食，雖然會先做好兩天份的鮮食，但有時候因為第一天就吃光光所以第二天只能餵小太郎吃貓飼料。雖說有些不好意思，但我其實是個不太會煮飯又怕麻煩的人，因此做出來的鮮食都只有一種模式。所使用的蔬菜都是家裡當天現有的，使用的分量也很隨性。儘管如此，小太郎也變得不再需要天天吃藥並且健康地生活著。

此外，小太郎的媽媽和奶奶每天吃到的自製鮮食說不定比小太郎還多，因為牠們不讓人碰，所以能夠利用自製鮮食維持牠們的健康真的是太令人慶幸了。

須崎醫師的補充說明

雖然在文章裡沒有提到，不過「將鮮食盡可能地堆成山狀，周圍再用湯汁圍住形成『島』的狀態，似乎更方便貓咪食用」，「流浪貓很喜歡吃自製鮮食」說不定是一種自然的智慧喔。

排毒醋鮮食湯

餵食餐數…一天一或兩餐
每餐…80g

材料

- 蘆筍、青花菜…（整體分量的一成）
- 香菇、鴻喜菇…（整體分量的一成）
- 雞胸肉…（整體分量的五成）
- 竹筴魚…（整體分量的三成）
- 〔其他〕……營養高湯粉、醋

作法

❶將雞肉、蔬菜、菇類以營養高湯為湯底加醋燉煮。
❷將①的雞肉取出，剩下的食材以食物調理機切碎。
❸將烤好的竹筴魚和雞肉用手剝成小塊。
❹將①盛入碗中，上面鋪上竹筴魚和雞肉。

私房小祕訣

[食材搭配比例]……蔬菜：菇類：雞肉：魚＝1：1：5：3

[目前使用的食材]

〔蔬菜〕……番茄、青花菜、蘆筍等家裡現有的蔬菜1～2種。
〔菇類〕……舞菇、金針菇等兩種以上的菇類
〔肉類〕……雞胸肉
〔魚類〕……鯷魚、小竹筴魚等小魚
〔穀類〕……因為我家貓咪不愛吃所以不加
〔其他〕……醋、營養高湯粉、營養補充品、臨界水（譯註：須崎動物醫院之漢方水產品）

[水分攝取的方法]…因為都是用水煮方式烹調鮮食，所以自然會增加水分的攝取量。將煮好的鮮食堆成小山狀，周圍淋上湯汁圍成「島」的狀態時，貓咪特別愛吃。

[食材的形狀]………如果貓咪吃膩的話，會視情況改變食物的形狀。

病例 12

貓感冒也算不了什麼！在鮮食上灑乾飼料也是不錯的方法

乃梨子（6歲半，♀）

鐵則就是「從少量開始漸漸習慣」

當我從網路上得知有很多人會把魚、肉、蔬菜混在一起製作成鮮食餵給貓咪後，因為覺得很有趣，於是開始了我製作鮮食的過程。之後讀到須崎醫師的鮮食書，也參加了他所主辦的寵物學院中的飲食教育入門講座，得知製作鮮食不需要太過受到營養均衡神話的影響，利用家中現有的簡單食材也能製作出對寵物有益的鮮食，讓我對製作鮮食有了更進一步的了解。

現在我家貓咪已經變成100％鮮食，像貓罐頭那種所謂的綜合營養飼料，已經很久沒餵牠吃了（但我並沒有認為絕對不能餵給牠吃）。

從完全吃貓罐頭到全部轉換成吃鮮食的過程，拖拖拉拉地大概花了有半年以上的時間。

剛開始轉換時，因為發現只餵少量鮮食的話貓咪就願意吃，於是我從少量的鮮食開始慢慢地逐漸轉換，將蔬菜徹底弄碎均勻地混在貓罐頭裡餵食。

同時我還會在鮮食上灑上乾飼料的粉末，因為磨成粉末的乾飼料用量很少而且它的香味能夠成功地引誘貓咪來吃飯，因此我並不會很神經質地排斥使用，可說是十分方便。

乃梨子如今也很健康有活力地生活著。

須崎醫師的補充說明

在我詢問到的資訊中，有一個重點很值得大家參考：「如果把鮮食裝在比較深的碗裡且堆得很高的話，貓咪很容易只把上面有灑乾飼料的部分吃掉而把下面的鮮食剩下來，所以後來盛裝鮮食的時候都會改用淺且面積大的容器盛裝」。

度過轉換食物的過渡時期，我家的私房食譜

加了葛粉糕的貓罐頭混鮮食

餵食餐數…一天一或兩餐
每餐…70～100g

材料

- 〔A〕……貓罐頭、葛粉糕（黏度要黏一點）
- 蔬菜……（A 整體分量的二～三成）
- 雞肉……（A 整體分量的七～八成）

作法

❶將煮熟的蔬菜用果汁機打成泥狀。
❷雞胸肉烤熟後剝成小塊備用。
❸貓罐頭（比平常的餵食量減少約一～二成），減少的部分改以①、②取代，再加入葛粉糕全部拌勻。

重點

原則上還是以貓罐頭為主，為了順利地轉換成自製鮮食，「葛粉糕雞肉蔬菜」要一點一點地慢慢增加！

私房小祕訣

[食材搭配比例]…… 蔬菜：雞肉（魚）＝2～3：7～8

[目前使用的食材]

〔蔬菜、海藻類〕…葉菜類、根菜類、薯類、豆類、海藻類等
〔雞肉〕……………雞胸肉、雞腿肉、雞里肌肉、雞胗
〔魚類〕……………鮭魚、鱈魚、鰤魚、秋刀魚、竹筴魚、沙丁魚
〔穀類〕……………基本上不會添加
〔其他〕……………葛粉糕可以有勾芡的效果，比較容易和貓罐頭攪拌在一起

[水分攝取的方法]… 我家貓咪怎樣都不願意吃飯的時候，會將牠吃慣的罐頭加水攪拌，上面再灑上乾飼料的粉末，或是把粉末泡成湯汁加進去。

[食材的形狀]……… 因為我家貓咪習慣吃貓罐頭，所以都會把食物打成泥狀。

病例13

因為鮮食讓貓咪的肝指數下降，所以才能完成結紮手術！

小花（5歲，♀）

不靠藥物只用鮮食就讓肝臟恢復健康！

小花是我收養的流浪貓，去動物醫院進行結紮手術前的健康檢查時，發現牠的肝指數GPT值高達251，因此無法進行手術。

之所以決定要開始幫貓咪準備鮮食，是因為前一隻貓咪罹患糖尿病後服用很多藥物，導致嚴重的腹水以及很多其他的不明症狀出現，最後十分痛苦地走了。當時我心裡就在想，如果不讓牠吃處方飼料而是改成自製鮮食的話，說不定就不會讓牠走到這麼痛苦的地步了。

雖然獸醫師有開肝臟的藥物給我，但我沒有讓小花吃，而是希望能只靠著自製鮮食來讓牠恢復。就這樣過了兩個月後，檢查的結果GPT值從251下降到100，所以後來也成功地完成了小花的結紮手術。

因為先前是流浪貓，所以小花從一開始就不排斥自製鮮食，我也因此不用煩惱牠不吃飯的問題。不過牠似乎不太喜歡那種加入過多湯汁而水水的食物，經過不斷地進行各種嘗試之後，總算定在肉類8：蔬菜2再加上香藥草和油的均衡比例。

無論是肉類或魚肉小花都很喜歡，雖然不愛吃水煮的切塊牛肉，但若是改成煎的就吃得很開心。為了怕牠吃膩，我每隔一天就會把肉類和魚肉輪流交換。

目前家裡共有四隻貓咪，每隻貓咪的喜好都不一樣。

須崎醫師的補充說明

肝指數升高的時候，有些貓咪可以藉由吃自製鮮食將指數下降到穩定的狀態，但相反的若是指數一直無法降下來的話，就有可能是飲食以外的問題，這個時候請將貓咪帶到動物醫院找出根本的病因，有時候也可能是肝臟以外的原因所造成。

不斷地嘗試錯誤後終於成功！我家的私房鮮食食譜

蜆湯燴鮮食

餵食餐數⋯一天一或兩餐
每餐⋯70g

材料
- 雞里肌肉＋雞胗⋯⋯（整體分量的八成）
- 南瓜、番薯、舞菇、小松菜⋯⋯（整體分量的兩成）
- 蕁麻葉粉⋯⋯一小撮
- 橄欖油⋯⋯一大匙
- 蜆湯⋯⋯適量
- （配料）柴魚片⋯⋯適量

作法
❶將肉和蔬菜放入壓力鍋內煮到軟嫩。
❷將肉切成一口大小的一半左右。
❸南瓜和番薯壓成泥狀，其他蔬菜則盡量切碎。
❹將②放在③上，再灑上蕁麻葉粉、橄欖油和蜆湯，最後再灑上柴魚片。

重點
淋上蜆湯的時候不要讓整碗鮮食變得水水的。

重點
每隔一天就會交換雞肉和魚肉，以免貓咪吃膩。

私房小祕訣

[食材搭配比例]⋯⋯ 肉（魚）：蔬菜＝8：2

[目前使用的食材]

〔蔬菜〕⋯⋯南瓜、舞菇和小松菜等綠色蔬菜，全部加起來約10g
〔肉類〕⋯⋯雞胸肉40g、雞肝或雞胗⋯⋯20g
〔魚類〕⋯⋯鮪魚碎肉、鰹魚等⋯⋯約60g
〔其他〕⋯⋯橄欖油、芝麻油、亞麻仁油任選一種⋯⋯約一大匙
〔配料〕⋯⋯柴魚片

[水分攝取的方法]⋯ 在鮮食中淋上蜆湯。

病例 14

增加自製鮮食的比例後，貓咪的腸胃健康狀況獲得改善

MOMO（7歲，♂）

愛吃的貓罐頭停賣後改成鮮食，糞便變正常了

MOMO的腸胃不太好，經常排出很稀的糞便，而且最後還排出帶血的黏膜。

而之所以會開始製作鮮食，最直接的原因是因為貓咪原本最愛吃的貓罐頭停賣了。

在食物的轉換期間，我所採取的方式是先讓MOMO習慣吃雞里肌肉，然後加入高麗菜讓牠習慣，接著再加入胡蘿蔔讓牠吃慣……以這種模式一樣一樣地增加蔬菜的種類，然後再進一步地慢慢增加分量。

在開始製作鮮食一個月後，我停止在耐不住牠的催促時準備乾飼料餵牠吃，並且也不再餵牠吃鮮食以外的食物，結果不知道是因為牠了解了我的想法、還是牠不想再堅持下去，亦或是牠已經吃慣了鮮食，總而言之，牠總算徹底接受了鮮食。

隨著MOMO接受鮮食並減少乾飼料餵食量的兩、三天後，牠的腸胃就變正常了。

只是因為減少乾飼料的餵食量就讓腸胃變好，現在回想起來，以前經常拉肚子的貓咪簡直就不像是真的。

須崎醫師的補充說明

聽說貓咪怎麼樣都不肯吃飯的時候，這位飼主還會「把食物拿在手上放在貓咪的鼻頭前面，不斷重複地讓牠嗅聞味道，讓牠了解這是自己可以吃的食物」，聽起來非常辛苦。所以說幼貓時期真的十分重要。

貓咪尚未完全接受鮮食時期的初期食譜

雞里肌肉湯

餵食餐數…每天早晚兩餐

● 材料

- 雞里肌肉……兩條

● 作法

❶ 將雞里肌肉切成5～8公釐的大小，放入鍋中並加入適量的水進行水煮。

❷ 連湯汁一起餵食。

重點
將食物拿到貓咪的鼻頭前方，讓牠嗅聞味道，了解這是可以吃的食物。

重點
有時候也會在上面放上小魚乾或柴魚片等配料，刺激貓咪的食慾。

重點
不強迫貓咪，以每次都只多加一種食材（例如高麗菜）的方式，讓貓咪一點一點地習慣其他食材。

私房小祕訣

[目前的食材搭配比例]……肉：蔬菜＝8：2

[目前使用的食材]

〔蔬菜、海藻類〕……高麗菜、胡蘿蔔、南瓜、金針菇、海帶芽等，全部加起來約20g

〔肉類〕………………雞里肌肉兩條

〔魚類〕………………鮪魚100g

〔其他〕……橄欖油、芝麻油、亞麻仁油任選一種（約一大匙）

〔配料〕……柴魚片

[水分攝取的方法]…利用小魚乾的高湯或煮雞里肌肉的肉湯增加鮮食的風味。

[食材的形狀]………肉類切成5～8公釐大小，蔬菜則利用食物調理機切碎。

病例 15

幼貓因為吃太多而拉肚子後，就變得開始願意吃自製鮮食了！

小狩（7個月，♀）

讓貓咪愛上蔬菜的契機到底是什麼呢？

我原本就有親手幫狗狗製作鮮食，在認養了這隻貓咪之後，想到貓咪也可以吃自製鮮食，於是就開始著手製作。

在食物的轉換期間，貓咪總是很不高興，一副「這碗飯我哪吃得下去」的樣子。

中間有一度為了一定要讓牠吃飯，有時會把貓罐頭和鮮食混在一起，讓牠起碼也能多少願意吃一些。結果有一次牠吃了平常的四倍量後，不用想也知道，牠就開始拉肚子了。

開始拉肚子後，小狩的腸胃一直很不舒服，持續了大約七到十天，食慾也時好時壞，不過在過了這段期間後，牠變得對我端出來的鮮食吃得十分開心。

現在牠愛吃的都是蘆筍、甜豌豆、豆芽菜、鴻喜菇等味道比較強烈的蔬菜。而讓牠愛上蔬菜的契機，則是因為有一次我拿著長蘆筍在牠面前搖來搖去，結果牠忍不住撲上來玩，然後把一整根蘆筍都吃下去了。在那之後牠就變得對蔬菜沒有什麼抵抗力。我也會把水煮的牛蒡、蓮藕或白蘿蔔當作零食餵給牠吃。

須崎醫師的補充說明

雖然這個病例並非真的有生病，但因為轉換鮮食的過程中有時也會有這種情況，所以才在這裡特別介紹。此外還聽說這隻貓咪「非常地愛吃烤海苔，已經到了每天吃都吃不膩的程度」。

不斷地嘗試錯誤後終於成功！我家的私房鮮食食譜

鰈魚蔬菜燉煮

餵食餐數…幼貓期應有的餐數
（大約頭蓋骨大小的二分之一，每天四至六餐）

材料

- 白飯…………約 20g
- 鰈魚…………約 140g
- 胡蘿蔔、鴻喜菇、高麗菜、馬鈴薯…………全部共 40g

（配料）

- 烤海苔………適量
- 半乾狀魩仔魚乾………一大匙

作法

❶ 將鰈魚和切碎的蔬菜一起放入鍋內，加入少量的水燉煮。
❷ 將①與白飯攪拌均勻。

重點
也可利用葛粉將鮮食勾芡！

重點
利用魩仔魚乾或烤海苔等貓咪愛吃的食材灑在鮮食上增加牠的食慾。

私房小祕訣

[食材搭配比例]…… 肉（魚）：蔬菜：白飯＝7：2：1
[目前使用的食材]
〔肉類〕…… 雞肉、豬肉
〔魚類〕…… 沙丁魚、鮭魚、鯖魚，有時也會使用水煮魚罐頭
〔蔬菜〕…… 胡蘿蔔、馬鈴薯、番薯等根莖類蔬菜和高麗菜、小松菜等葉菜類蔬菜
〔穀物〕…… 煮好的飯
〔其他〕…… 葛粉
〔配料〕…… 烤海苔、柴魚片、魩仔魚
[水分攝取的方法]… 利用煮肉或煮魚的高湯做為鮮食的湯汁，我家貓咪會先把湯喝完才開始吃飯。
[食材的形狀]……… 幼貓時期會將食物打成泥狀，目前則是切碎。

讓貓咪吃魚的話會得到黃脂病？

流言

A 只要不是只吃脂肪多的魚類就不會有問題。

經常有飼主問我：「聽說吃魚會得黃脂病，這樣的話讓貓咪吃魚真的沒問題嗎？」其實漁港或魚店附近的貓咪每天都會吃到大量的魚，但也不怎麼會得到黃脂病。為了不要罹患黃脂病，只要有攝取能夠防止脂肪氧化的維生素E，和不是每天都100%只吃魚類的話，完全不用擔心有這種情形發生。儘管我覺得不可能發生，但如果貓咪真的很喜歡吃魚且又出現身體疼痛症狀的話，此時才要多加留心。收集資訊時記得要注意正確與否喔！

只要貓咪有一餐沒吃，就會有肝臟脂肪代謝障礙？

（譯註：脂肪肝）

流言

A 通常要一週左右未進食才可能發生。

常有飼主問我：「聽說貓咪不吃飯的話會得到『肝臟脂肪代謝障礙』，這樣真的不會有事嗎？」這就是一種因為資訊不正確地傳遞而造成飼主煩惱不已的模式。其實正確的內容應該是「過度肥胖的貓咪」如果「連續一至兩週以上未進食」的話，可能會「導致脂肪肝，嚴重的話會導致黃疸」。為了不要演變成這種情況，應該要維持矯健的身材，若有治療相關的問題則務必要聽從獸醫師的指示。

第3章

針對不同成長階段與不同症狀、目的之37道食譜

幼貓、母貓、高齡貓、肥胖、食慾不振、跳蚤、壁蝨、外耳炎、血便、尿路結石、腎臟病、膀胱炎、皮膚病、糖尿病、癌症、肝病……其他

不同成長階段

離乳期和發育期間的幼貓

出生後三至八週齡的離乳期，可一點一點地餵食小肉塊

在餵食出生後三至八週齡的幼貓時，必須要一邊觀察牠的樣子，一邊「非強迫性」地餵給牠食物。

基本上只要餵食肉類或魚肉即可，並且應將絞肉狀態的肉類處理成不會噎到喉嚨的肉塊大小後再餵食。每次的餵食量大約將幼貓餵到腹部稍微比胸部突出的狀態即可。雖然若是餵太多的話也只是會嘔吐而已，但還是記得要適量地餵食。

出生後五十天到一歲的發育期，可慢慢將餵食次數減少

在結束幼貓的離乳期之後，可開始漸漸地在牠們的飲食中加入蔬菜或穀物。肉類也開始可以不用打成泥狀，只要切成碎肉程度的大小即可。

每天餵食次數的「標準（每隻貓咪不盡相同）」，為出生後二至四月齡每天約餵食四次，出生後四至六月齡每天大約餵食三次，出生後六月齡之後可改成每天餵食兩次。這個餵食次數並非絕對的標準，因為每隻貓咪間有著很大的個體差異。

六個月齡以上的貓咪，想吃多少就讓牠吃多少

貓咪在出生後約六個月齡的時候，即可讓牠想吃多少就吃多少，不過要注意的是，雖然貓咪有些圓潤沒有關係，但要小心不能讓牠過胖。此外，由於在這個時期之前所吃的食物才會被貓咪認為是「可以吃的食物」，所以最好盡量讓貓咪多接觸各式各樣的食材。另外，貓咪基本上還有一種特性，就是會一次吃一點點分好幾次才把食物吃完。

離乳期和發育期的幼貓所需營養素

離乳期和發育期不但是打造身體的時期，也是決定貓咪食物喜好的時期。所以請記得要讓貓咪盡量吃不同種類的食物並讓牠有充足的運動，才能打造出健康的身體！

所需的營養素	含有營養素的食材
DHA	沙丁魚　鯖魚　竹莢魚
蛋白質	雞肉　豬肉　雞蛋
鈣質	小魚乾　魩仔魚　櫻花蝦

將這些食材搭配組合進行烹調！

第一類 動物性蛋白質	第二類 蔬菜	第三類 穀、薯類	+α
雞肉　豬肉　雞蛋 沙丁魚　鯖魚　竹莢魚 魩仔魚　櫻花蝦　小魚乾	南瓜 青花菜	白飯	植物油

推薦的食譜範例

蛋白質和礦物質
可以讓幼貓成長茁壯！

幼貓成長鮮食

〈材　料〉

雞肉……………40g
白煮蛋…………半顆（25g）
南瓜……………10g
青花菜…………10g
白飯……………一大匙
植物油…………四茶匙
小魚乾粉………適量

〈作　法〉

可配合貓咪的喜好準備熟食或生食，具體作法請參考P51的基本食譜。

不同成長階段

懷孕期和泌乳期間的母貓

基本的健康管理方式

貓咪的懷孕期約為兩個月，雖然體重的變化和狗狗懷孕時不太一樣，但飼主並不需要思考得太過複雜，貓咪只要覺得吃得不夠自然會向飼主要求多吃一點，因此很容易就可以判斷餵食量到底夠不夠。只要母貓的身心都處在健康狀態，飼主就不需要特別操心。即使母貓本身沒有任何經驗，也能順利地產下幼貓。

常見的擔憂問題

有些飼主會問我說：「我家貓咪的食量沒有變成兩倍大耶，這樣會不會有事？」但其實每隻貓咪所需要的攝食量都不一樣，只要幼貓和母貓都很健康，就不會有問題。

雖然也是有因為母貓懷孕期間營養攝取不足而導致胎兒無法發育的病例，但只要貓咪不是完全不吃飯，基本上並不會有什麼問題。

具有效用的營養素與其作用

懷孕期和泌乳期間的貓咪對每一種營養素的需求量都特別的高，基本上必須以肉類或魚類為主食。此外泌乳期間貓咪需要更多的營養與熱量來源，最好盡量使用玉筋魚或魩仔魚這種能整尾吃下的食材為主，並加入充足的水分一起讓貓咪吃下。如果擔心的話還可額外添加維生素、礦物質類的營養補充品。

懷孕期和泌乳期間母貓所需的營養素

懷孕期間的貓咪需要全面且均衡的營養素，最好以能夠整體吃下的食材為主，並使用多樣化的食材。泌乳期間則配合貓咪的食量需求即可。

所需的營養素	含有營養素的食材
DHA	沙丁魚　鯖魚　竹莢魚
蛋白質	雞肉　豬肉　雞蛋
鈣質	小魚乾　魩仔魚　櫻花蝦

將這些食材搭配組合進行烹調！

第一類 動物性蛋白質	第二類 蔬菜	第三類 穀、薯類	＋α
雞肉　豬肉　雞蛋 沙丁魚　鯖魚　竹莢魚 魩仔魚　櫻花蝦　小魚乾	南瓜 胡蘿蔔	白飯	植物油

推薦的食譜範例

均衡地加入各式各樣的營養素！

貓媽媽專用鮮食

〈材　料〉

豬肉……………40g
白煮蛋…………半顆（25g）
胡蘿蔔…………10g
南瓜……………10g
白飯……………一大匙
植物油…………四茶匙
小魚乾粉………適量

〈作　法〉

請參考P51的「熟食」基本食譜。

高齡貓

不應將七歲以上的貓咪都統稱為高齡貓

根據統計，貓咪的壽命大約在十到十六歲左右（相當於人類的五十六到八十歲——出自平成二十一年度獸醫師公報），因此一般來說經常會有「超過七歲的貓咪應該開始吃老貓（高齡貓）專用飼料」的說法。

可是就像我們人類對於幾歲開始就算是老年人也認知不同，有的貓咪即使十二歲仍感覺很年輕，有的貓咪才五歲就感覺已經很老了，所以用七歲來劃分貓咪老年與否並不恰當。

運動和體重管理是高齡期的重要課題

貓咪和人類一樣，隨著年齡的增加，運動量和食慾都會開始下降，代謝也會變慢而導致身體容易變胖。

運動量減少的話，肌肉量就會變少，骨骼也會漸漸變弱，但我們不可能去強迫貓咪運動也不可能強迫餵食。飼主在貓咪幼年期的養育方法會直接影響到牠們高齡期的生活模式，所以最好能將貓咪養成喜歡邊吃邊玩的活潑個性。

胖貓咪→低熱量飲食
瘦貓咪→高熱量飲食

高齡期後貓咪的腰腿會漸漸變弱，若此時身材很胖的話就會無法支撐身體。此時的飲食要能將體重維持在衰弱的腰腿也能支撐住身體的程度。但儘管如此，若是對原本食量就不大的消瘦貓咪限制牠的飲食，會讓牠的肌力下降得更快。所以一定要針對每隻貓咪的情況進行調整，不過基本原則就是高齡而肥胖的貓咪需要吃低熱量的飲食，高齡而消瘦的貓咪則需要吃高熱量的飲食，可利用雞皮等食材進行調整。

高齡期貓咪所需的營養素

有些貓咪進入高齡期後，會有食慾下降和體重減輕的現象，此時應配合牠偏少的食量提供高熱量的飲食。而所謂的高齡貓專用飼料其實是給大食量的老年貓咪吃的

所需的營養素	含有營養素的食材
蛋白質	雞肉　豬肉　雞蛋
礦物質	小魚乾　魩仔魚　櫻花蝦
抗氧化維生素	胡蘿蔔　南瓜　青花菜

將這些食材搭配組合進行烹調！

第一類 動物性蛋白質	第二類 蔬菜	第三類 穀、薯類	＋α
雞肉　豬肉　雞蛋 櫻花蝦　魩仔魚　小魚乾	胡蘿蔔 南瓜 青花菜	番薯 白飯	豆腐 植物油

推薦的食譜範例

利用雞皮等富含脂肪的食材
調整鮮食所含的熱量！

高齡貓鮮食

〈材　料〉

雞肉……………30g
豆腐……………10g
番薯……………10g
胡蘿蔔…………10g
白飯……………一大匙
植物油…………四茶匙
小魚乾粉………適量

〈作　法〉

可配合貓咪的喜好準備熟食或生食，具體作法請參考P51的基本食譜。

不同症狀、目的

肥胖

基本的健康管理方式

過去曾有一部名為《怪貓豬油糕》的動畫，主角是一隻喜歡吃番薯的黃色胖貓咪，因為大家都覺得胖貓咪十分可愛。

可是在現實世界裡，就像下面說明的內容一樣，肥胖的貓咪可能會出現各式各樣的健康問題或身體負擔，因此對貓咪進行能與運動量（消耗量）相抵的食量管理十分重要。由於貓咪是一種很難改變習慣的動物，所以從小就開始讓牠們習慣是一件很重要的事。

常見的擔憂問題

貓咪如果過胖的話會出現什麼問題呢？首先，就和人類體重過重一樣，可能會影響到膝關節的健康、血脂肪濃度和發生動脈硬化等問題的可能性。此外還有一個嚴重的問題是，肥胖的貓咪不容易麻醉且麻醉後也不容易甦醒，這是因為麻醉藥會溶入脂肪組織，若體內脂肪量過多，麻醉藥必須先在脂肪內達到飽和程度後才會開始生效，相反的甦醒時則必須等脂肪內的麻醉藥都代謝完畢後才會醒來。

具有效用的營養素與其作用

經常會有飼主問我：「想讓貓咪瘦下來的話，要吃什麼比較好？」其實這個問題的方向性不太適當，而是應該如先前曾說過的要：

- ●適度地減少餵食量
- ●增加運動量

必須將貓咪打造成肌肉量增加且不容易變胖的體質。而為了達到這個目的，除了要吃做為肌肉原料的肉類或魚肉之外，還要「加上」運動量才會有效果，也就是說運動比飲食更重要！

肥胖貓咪所需的營養素

雖然控制體重最重要的是運動，不過如果能攝取提高脂肪燃燒效率的維生素B_1、維生素B_2，以及幫助維生素作用的礦物質的話，也可以讓身體更加結實！

所需的營養素	含有營養素的食材
維生素B_1	豬腰內肉　豬後腿肉　豬里肌肉
維生素B_2	肝臟　心臟　烤海苔
礦物質	小魚乾　魩仔魚　櫻花蝦

將這些食材搭配組合進行烹調！

第一類 動物性蛋白質	第二類 蔬菜	第三類 穀、薯類	+α
豬腰內肉　豬後腿肉 豬里肌肉　肝臟　心臟 白肉魚　魩仔魚　櫻花蝦 小魚乾	白蘿蔔 烤海苔	白飯 番薯	豆腐渣 植物油

推薦的食譜範例

利用低熱量的白肉魚
幫助貓咪減重！

減重鮮食

〈材　料〉

白肉魚…………40g
白蘿蔔…………10g
豆腐渣…………10g
番薯……………10g
植物油…………四茶匙
小魚乾粉………適量

〈作　法〉

可配合貓咪的喜好準備生食（鯛魚）或熟食（銀鱈），具體作法請參考P51的基本食譜。

不同症狀、目的

過瘦、食慾不振、嘔吐

基本的健康管理方式

當貓咪出現過瘦、食慾不振或嘔吐等現象時，並不是只要牠願意吃飯了就好，也不是只要症狀停止了就沒事，最重要的應該是找出造成這些現象的原因並加以排除。

以貓咪過瘦的問題來說，如果貓咪依然很有精神的話可能還沒關係，但若是無精打采的話，就一定要找出原因來解決了。

此外，如果是因為不吃飯而導致的消瘦，那麼只要能讓貓咪吃飯就可以解決，但若是正常吃飯卻還是持續消瘦的話，就有可能是因為體內發生了感染或腫瘤等某種原因讓能量不斷地消耗，此時一定要將貓咪帶去動物醫院接受檢查。

有時候貓咪之所以沒食慾，可能是因為消化器官發炎等不舒服的情況讓牠感到噁心，所以才不想吃飯。像這種時候，由於是「身體狀態的影響而無法正常吃飯」，所以並不是「有什麼辦法可以讓牠吃飯」，而是應該盡快將貓咪帶到動物醫院，找出「到底是什麼原因讓牠沒有食慾」才對。貓咪不會在毫無理由的情況下失去食慾，絕對是由某種原因造成的。

如果貓咪是因為偏食而不肯吃飯的話，那麼飼主就要努力站穩立場，表現出「你不吃的話就算了」的態度。

另外，有些貓咪會在早上空腹的時候嘔吐出胃液，這時只要給牠吃一些東西讓胃裡有食物就不會再嘔吐。「不過」會有這種情況，問題也一定出自於內臟，若只是止住了噁心的感覺有時也可能會讓情況變得愈來愈嚴重，尤其若是貓咪出現每一~二小時就嘔吐的情形時，就表示有嚴重的病況發生，必須盡快帶去動物醫院檢查。

過瘦、食慾不振、嘔吐的貓咪所需的營養素

腸道的黏膜細胞負責直接吸收食物提供的營養，如果黏膜衰弱的話會讓身體遭受極大的損失，因此請想辦法讓食物更加美味來增進貓咪的食慾吧。

所需的營養素	含有營養素的食材
動物性食材	雞肉　豬肉　雞蛋
維生素	南瓜　青花菜　胡蘿蔔
礦物質	小魚乾　魩仔魚　櫻花蝦

將這些食材搭配組合進行烹調！

第一類 動物性蛋白質	第二類 蔬菜	第三類 穀、薯類	+α
雞肉　豬肉　羊肉　雞蛋 魩仔魚　櫻花蝦　小魚乾	南瓜 青花菜 胡蘿蔔	白飯	植物油

推薦的食譜範例

利用羊肉的風味
促進食慾！

回復活力鮮食

〈材　料〉

羊肉……………40g
白煮蛋…………半顆（25g）
南瓜……………10g
青花菜…………10g
白飯……………一大匙
植物油…………四茶匙
小魚乾粉………適量

〈作　法〉

請參考P51的「熟食」基本食譜。

不同症狀、目的

跳蚤、壁蝨

基本的健康管理方式

由於貓咪有理毛的習慣，所以不但身上幾乎沒有什麼體臭，健康的貓咪身上也很難有外寄生蟲寄生。

可是一旦貓咪的健康狀況較差而無法自行理毛時，身上就會可能開始產生臭味，也可能開始有寄生蟲寄生。此外，牙結石、牙齦發炎和牙周病會讓口臭變嚴重，用此時的唾液理毛會有利於外寄生蟲的寄生，所以平時也要注意貓咪的口腔衛生。

常見的擔憂問題

跳蚤或壁蝨的寄生除了會讓貓咪本身發生皮膚炎等麻煩問題之外，也會讓屋內的跳蚤或壁蝨的數量增加，導致其他一起生活的動物甚至飼主都遭受其害。

在這種情況下，找出貓咪為何會被跳蚤、壁蝨寄生的原因就很重要了。有時可能是因為身體的健康狀況不佳，才導致跳蚤、壁蝨寄生在體表，因此必須盡早加以處理，尤其是會在戶外活動的貓咪，更要特別注意。

具有效用的營養素與其作用

據說大蒜的氣味對於跳蚤或壁蝨可產生退避效果，貓咪雖然不能夠服用大量大蒜，但若只將1／4～1／2瓣的大蒜磨成泥後混入食物中，應該不會有什麼問題。※

此外，也可使用含有一種名為苦楝的藥草萃取液來噴灑在貓咪的身上或睡窩，能對這些外寄生蟲產生退避效果，而且這種萃取液即使讓貓咪舔到了也不會有事，飼主可以安心使用。

※譯註：大蒜對貓咪具有毒性，可能導致腸胃發炎及溶血性貧血，嚴重時甚至可能致死，多數獸醫專家均不建議讓貓咪食用任何大蒜，且由於尚未有安全劑量的報告，請飼主務必要謹慎斟酌大蒜對貓咪可能造成的健康風險。

被跳蚤、壁蝨寄生的貓咪所需的營養素

除了加強口腔護理及使用苦楝等香藥草之外，也可藉由大蒜的氣味來驅趕身上的寄生蟲。

所需的營養素	含有營養素的食材
動物性食材	雞肉　豬肉　雞蛋
維生素	南瓜　青花菜　胡蘿蔔
礦物質	小魚乾　魩仔魚　櫻花蝦

將這些食材搭配組合進行烹調！

第一類 動物性蛋白質	第二類 蔬菜	第三類 穀、薯類	＋α
雞肉　豬肉　雞蛋　鮭魚　魩仔魚　櫻花蝦　小魚乾	白蘿蔔	白飯	大蒜　植物油

推薦的食譜範例

利用大蒜的氣味
驅趕跳蚤或壁蝨！

驅蟲鮮食

〈材　料〉

鮭魚……………40g
白蘿蔔…………10g
白蘿蔔葉………5g
大蒜……………1g
白飯……………一大匙
植物油…………四茶匙
小魚乾粉………適量

〈作　法〉

請參考P51的「熟食」基本食譜。

不同症狀、目的

外耳炎

基本的健康管理方式

由於保持耳內清潔對貓咪來說十分重要，所以清耳朵是飼主平日護理工作中很重要的一環。但當飼主太過追求完美，想一口氣把貓耳朵清得乾乾淨淨、一絲髒汙也沒有時，反而可能因為太用力摩擦而破壞耳朵原有的防禦功能，導致細菌或黴菌入侵，讓症狀更為惡化。為了避免這種情形發生，飼主幫貓咪清耳朵的時候，請記得不要太過勉強貓咪，以舒服的力道在貓咪不感到厭惡的程度下清潔即可。

常見的擔憂問題

動物醫院裡經常會有貓咪因為耳朵過度清潔，而導致耳內腫脹、耳道堵塞甚至無法洗淨耳朵的病例，由此可知，做任何事都應該要謹記適可而止的原則。

此外，若是有確實地幫貓咪清潔耳朵但外耳炎症狀卻一直沒有好轉時，可能表示貓咪的身體有哪裡出問題而影響到耳朵的健康，此時最好還是將貓咪帶到動物醫院進行全身的健康檢查。

具有效用的營養素與其作用

雖然並沒有哪種營養素能特別針對外耳炎加以改善，但若以強化皮膚的健康為目的的話，積極攝取維生素A或維生素C不失為一個好方向。此外，omega-3脂肪酸中的EPA或DHA具有眾所期待的抗發炎作用，也很適合積極攝取。

不過炎症反應其實是一種為了排除入侵異物的必要反應，所以遇到這種狀況時，最好也不要急著只想停止炎症反應。

外耳炎的貓咪所需的營養素

維生素A和維生素C能讓皮膚更為健康，omega-3脂肪酸中的EPA或DHA則具有抗發炎作用，這些都是很適合積極攝取的營養素。

所需的營養素	含有營養素的食材
omega-3脂肪酸	沙丁魚　鯖魚　竹筴魚
維生素A	雞肝　豬肝　銀鱈
維生素C	甜椒　青花菜　花椰菜

將這些食材搭配組合進行烹調！

第一類 動物性蛋白質	第二類 蔬菜	第三類 穀、薯類	＋α
沙丁魚　鯖魚　竹筴魚 銀鱈　雞肝　豬肝 雞蛋　小魚乾	白蘿蔔　胡蘿蔔 甜椒　青花菜 花椰菜	白飯	植物油

推薦的食譜範例

利用維生素A和維生素C
讓耳朵的皮膚更健康！

改善外耳炎鮮食

〈材　料〉

白煮蛋…………半顆（25g）
雞肝……………10g
白蘿蔔…………10g
青花菜…………5g
胡蘿蔔…………10g
白飯……………一大匙
植物油…………四茶匙
小魚乾粉………適量

〈作　法〉

請參考P51的「熟食」基本食譜。

不同症狀、目的

下痢、便祕、血便

基本的健康管理方式

貓咪下痢或出現血便時，有些飼主會在藥物止住症狀後就放心了，但如果不找出造成這些症狀的原因並加以排除的話，同樣的症狀未來仍可能再度出現。

此外，便祕問題也是一樣，雖然有可能跟飲食內容物有關，但也有可能是運動、腸內細菌的狀態、神經系統或其他臟器的問題等飲食以外的因素所造成。所以不能認為不過是便祕而已就大意輕忽，而是應該找出腸胃蠕動出現異常的原因。

常見的擔憂問題

貓咪如果持續下痢並成水便狀時，會讓體內的電解質和水分大量流失，甚至可能危急生命，因此若有這種情況，就必須盡早止瀉。

而長期便祕則會讓腸道內產生的氣體被腸道吸收，進入血液中運送到全身，導致貓咪出現嚴重的口臭。

至於血便由於也有可能是因為腸內腫瘤導致，因此應讓貓咪儘速接受檢查以免誤診。

具有效用的營養素與其作用

會影響到腸道蠕動的重要因素包括食物、腸內細菌、神經系統及內分泌系統。為了讓貓咪的腸胃蠕動恢復正常，可在保留肉或魚對貓咪的吸引力的同時，增加膳食纖維的比例來刺激腸胃蠕動，但若是依舊無法恢復正常的話，就必須找出讓腸胃蠕動異常的病因。此外，讓貓咪攝取乳酸菌能讓牠們的腸內細菌維持在穩定狀態，有時也可改善胃腸道的症狀，因此很值得嘗試看看。

下痢、便祕或血便的貓咪所需的營養素

為了讓貓咪的腸道蠕動恢復正常，可增加飲食中膳食纖維的含量，食物纖維同時也是腸內細菌的食物來源。而為了維持鮮食的吸引力，當然也別忘了一定要加入肉類或魚肉！

所需的營養素	含有營養素的食材
動物性食材	雞肉　豬肉　雞蛋
維生素A	雞肝　豬肝　銀鱈
膳食纖維	玉米　豆腐渣　南瓜

將這些食材搭配組合進行烹調！

第一類 動物性蛋白質	第二類 蔬菜	第三類 穀、薯類	＋α
雞肉　豬肉　雞蛋　雞肝 豬肝　銀鱈　小魚乾	胡蘿蔔 南瓜 玉米	小芋頭 白飯	植物油 豆腐渣

推薦的食譜範例

在不減少肉或魚的情況下
利用甘甜的蔬菜促進排便！

改善下痢或嘔吐之鮮食

〈材　料〉

雞肉……………40g
豆腐渣…………10g
小芋頭…………10g
胡蘿蔔…………10g
白飯……………一大匙
植物油…………四茶匙
小魚乾粉………適量

〈作　法〉

可配合貓咪的喜好準備生食或熟食，具體作法請參考P51的基本食譜。

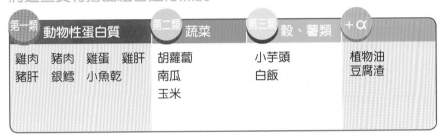

不同症狀、疾病

尿路結石、腎臟病

症狀

腎臟病和尿路結石是貓咪十分常見的疾病。

當貓咪出現不斷地去貓砂盆排尿，排尿的時候做出怪異的姿勢（或出現疼痛的樣子），在貓砂盆裡花很久的時間才排出尿液，排出的尿量很少、排不出尿液或出現血尿，尿液中混有會閃發亮的物體，在屋子裡焦躁不安地走來走去，平常不會發出叫聲卻突然發出大聲的哀鳴，舔舐陰部、精神不佳、食慾喪失，嚴重時甚至排出白色混濁的黏液等症狀時，有可能是得了膀胱炎或尿路結石。

膀胱等部位產生的結石若是堵塞在尿道讓貓咪無法順利排出尿液時，會在無法排尿的48～72小時內導致尿毒症發生並危急生命。這是因為原本應該藉由尿液排泄出體外的代謝廢物與電解質累積在體內，進而導致尿毒症的發生。一旦罹患尿毒症，貓咪會出現嚴重的口臭、食慾不振、精神沈鬱、嗜睡、下痢、口內炎等症狀。

此外，當貓咪有多喝多尿、貧血、嘔吐、毛髮粗糙、睡眠時間增長、步履蹣跚等明顯與平常不同的現象時，若進行血液檢查則可能會有肌酸酐（Creatinine）數值偏高的情況，並有可能被診斷出腎衰竭。

不過由於腎臟功能要在嚴重受損後才會出現症狀，所以大部分的貓咪在出現症狀的時候，幾乎都已經為時已晚了，由此可知讓貓咪接受定期的健康檢查是非常重要的一件事。

原因

所謂的鳥糞石尿結石症，是因為尿液中的鎂離子、氨離子、磷酸鹽離子過度飽和（無法完全溶解）所致，因此只要貓咪有攝取到充足的水分，就能夠預防結石的發生。

造成鳥糞石尿結石症的原因一般可分成兩大類，第一個原因是感染，即尿路感染性鳥糞石尿結石症。另一個原因則是受到與感染無關的飲食、尿液pH值或遺傳等因素影響，所導致的無菌性鳥糞石尿結石症。

感染所導致的尿路結石，是因為尿路中存在著會分泌某種成分讓尿液呈現鹼性的細菌，所以與飲食並無關係。

當泌尿系統受到那些會釋放出尿素酶（urease，將尿素分解為二氧化碳和氨的酵素）的細菌（包括變形桿菌、克雷伯氏菌、金黃色葡萄球菌等）感染後，會因為細菌所釋放的氨而導致尿液的pH值達到7.5以上而偏向鹼性，並因此產生鳥糞石結晶。

若是與細菌感染無關的情況，則主要是受到飲食的成分或遺傳因素影響，導致尿液的pH值容易呈現鹼性，不過也有可能與病毒或寄生蟲感染有關。

由於尿液的酸鹼性會受到食物影響，動物性的食材會讓尿液偏向酸性，植物性食材則會讓尿液偏向鹼性，因此建議貓咪的飲食最好仍以動物性食材為主。

須崎醫師的重點建議

小魚乾因為鎂的含量很高所以不能給貓咪吃？

由於有資訊指出如果在乾飼料中加入目前上限標準含量1.5～2倍的鎂，會導致尿液中產生鳥糞石結晶，因此一般會建議貓咪應減少鎂的攝取量。但首先所有的細胞內均含有鎂，所以無論是何種食材也都含有鎂。再來就是，在貓咪一般的飲食生活中，除非餵食量中的50%都是小魚乾才有可能達到前述鎂的攝取量，而且只要將尿液酸化後就不會有問題了。

動物醫院一般會採取的治療法

治療方式會根據致病的原因而有所不同。

如果貓咪得到感染性的鳥糞石尿結石症時，獸醫師會選擇藥物敏感性試驗中有效的抗生素進行藥物治療。而藥物的投藥期間會一直持續到結石消失為止，這是因為結石中帶有細菌，一旦結石溶解，其中所包含的細菌會釋出到膀胱內，因此必須長期地服用藥物。

若是無菌性的結石時，治療中極為重要的一環就是讓貓咪食用處方飼料。由於尿液的pH值為鹼性時容易產生結石，因此處方飼料的用意就是在飼料中添加能將尿液酸化的物質，讓結石能因此溶解。雖然過去都認為飲食中的鎂含量才是結石的主要原因，但現在已經知道控制尿液的pH值才是重點。

如果是尿結石的成分為草酸鈣的話，那麼就與鳥糞石尿結石正好相反，必須讓尿液的pH值鹼性化，目前尚未有藥物可將草酸鈣結石溶解。

當貓咪罹患腎臟病時，主要的治療方針為處方飼料、攝取活性碳、皮下輸液治療以及必要時使用藥物治療。基本上因為難以根治，因此主要進行的乃是對症療法。

須崎醫師推薦之自家照護方式

從防止惡化的意義來看，為了避免泌尿系統的感染擴大，最好也要幫貓咪進行口腔護理。

由於牙周病的病菌會侵襲到牙齦溝和牙根部位，再從牙根進到血液淋巴的循環中，因此最後可能會擴散到全身。而負責血液過濾的腎臟，有可能因此而受到牙周病菌的影響，進而導致結石發生。尤其是口臭嚴重的貓咪，請飼主務必要以關愛的態度幫牠們進行口腔護理，否則等到疾病發生時再開始就已經太遲了，請記得在貓咪還沒有任何症狀時就要開始讓貓咪習慣「正確的口腔護理工作」。

用飲食改善疾病的方法

不論是哪種尿結石症，基本的改善法就是讓貓咪攝取到充分的水分（讓結石能溶解在稀釋的尿液裡）。

當貓咪患有鳥糞石尿結石症時，由於會讓風險增加的鎂攝取量為1.0 g／Mg／kg Diet, DMbasis（每公斤飼料乾物重含1.0 g的鎂），而自製鮮食要達到此含量十分困難，因此不用特別去擔心。另外為了讓貓咪的尿液pH值酸化，應以動物性食材為主食。

當貓咪患有腎臟病時，獸醫師會建議改吃低蛋白質的飲食，主要是為了控制腎臟相關的檢查指數，因此只能算是對症療法，不過若能讓貓咪舒服一點的話，這樣也是不錯的做法。

含有有效營養素的食材

腎臟這個器官，為了將體液的pH值維持在7.4左右，會將體內產生的代謝產物以水稀釋後排泄出體外，因此先前所吃的食物內容與體內進行的代謝反應會決定尿液是呈現酸性或是鹼性，這是很普通的自然變化。若是以消除症狀為目的的話，或許將尿液的pH值維持在特定的酸鹼度是一種合理的做法，但如果從腎臟功能的本質來看，這種做法也許並不自然。

當我們將鹽加入溫水中時，一開始鹽都會溶解在水裡，但若是再持續增加鹽量超過某個濃度後，鹽就會達到飽和狀態而無法溶解於水了。結石症也是一樣的原理，若是能有充足的水分尿結晶就會難以形成，因此增加貓咪的水分攝取量是治療上極為重要的一環。

此外，貓咪在攝食肉類或魚肉之後，動物性食材中所含的甲硫胺酸或牛磺酸等含硫胺基酸的代謝過程中會產生氫離子，並因此讓尿液呈現酸性。由於鳥糞石結晶會溶於酸性尿液之中，因此最好將貓咪的尿液pH值維持在6.1～6.6之間。

另一方面草酸鈣因為無法溶解於水，所以必需要增加貓咪的排尿量，藉由排出的尿液讓這個成分無法蓄積在體內。

不論是哪種情況，由於結石所造成的物理性刺激有時也會刺激到膀胱的黏膜，因此也很適合讓貓咪攝取維生素A和維生素C等能夠保護黏膜的營養素。

尿路結石、腎臟病貓咪所需的營養素

攝取動物性食材能讓尿液的pH值維持在適當的酸鹼度，同時還能增加水分的攝取量，讓尿結晶不易形成。維生素A能保護黏膜，omega-3脂肪酸則有值得期待的抗發炎效果。

所需的營養素	含有營養素的食材
動物性食材	雞肉　豬肉　雞蛋
維生素A	雞肝　豬肝　銀鱈
omega-3脂肪酸	沙丁魚　鯖魚　竹莢魚

將這些食材搭配組合進行烹調！

第一類 動物性蛋白質	第二類 蔬菜	第三類 穀、薯類	＋α
雞肉　豬肉　雞肝　豬肝 雞蛋　銀鱈　沙丁魚 鯖魚　竹莢魚　小魚乾	茼萵　高麗菜 小黃瓜　白蘿蔔 番茄	馬鈴薯 白飯	植物油

推薦的食譜範例

利用動物性食材將尿液pH值維持在弱酸性

改善結石之鮮食（1）

〈材　料〉

沙丁魚…………40g
馬鈴薯…………10g
茼萵……………10g
白飯……………一大匙
植物油…………四茶匙
小魚乾粉………適量

〈作　法〉

可配合貓咪的喜好準備生食或熟食，具體作法請參考P51的基本食譜。

推薦的食譜範例

藉由omega-3脂肪酸達到抗發炎效果

改善結石之鮮食（2）

〈材　料〉

鮭魚⋯⋯⋯⋯⋯40g
小黃瓜⋯⋯⋯⋯10g
高麗菜⋯⋯⋯⋯10g
白飯⋯⋯⋯⋯⋯一大匙
植物油⋯⋯⋯⋯四茶匙
小魚乾粉⋯⋯⋯適量

〈作　法〉

請參考P51的「熟食」基本食譜。

推薦的食譜範例

增加貓咪的水分攝取量維持泌尿系統的健康！

改善結石之鮮食（3）

〈材　料〉

雞肉⋯⋯⋯⋯⋯40g
番茄⋯⋯⋯⋯⋯10g
小黃瓜⋯⋯⋯⋯5g
白蘿蔔⋯⋯⋯⋯10g
白飯⋯⋯⋯⋯⋯一大匙
植物油⋯⋯⋯⋯四茶匙
小魚乾粉⋯⋯⋯適量

〈作　法〉

可配合貓咪的喜好準備生食或熟食，
具體作法請參考P51的基本食譜。

不同症狀、疾病

皮膚病、全身性黴菌感染

症狀

貓咪出現皮膚搔癢、發疹、皮膚發紅、腫脹、脫毛、皮屑等症狀時，就可能是得了皮膚病。

雖然皮膚本身具有抵禦外敵入侵、保護身體的屏障功能，不過一旦有某種原因導致皮膚的屏障功能減弱時，皮膚上原有的常在黴菌等微生物就會開始增殖，並可能導致圓形脫毛，周圍產生皮屑及結痂等黴菌感染的症狀發生。而其中的一個特徵就是黴菌與皮脂交互作用後，讓身體產生獨特的異味。

原因

一旦某種原因造成皮膚的屏障功能減弱時，症狀會侷限在受影響的皮膚部位，並因為白血球與細菌或黴菌的侵襲對抗而導致發炎，甚至引發各種皮膚病的症狀出現。

雖然找出皮膚發炎是因為受到哪一種細菌或黴菌的影響極為重要，不過找出造成該部位的皮膚屏障功能之所以減弱的原因也十分重要。

動物醫院一般會採取的治療法

貓咪患有皮膚病時，主要的治療方式是停止白血球造成的炎症反應，因此會使用具有消炎效果類固醇或抗組織胺，再加上抗生素來防止二次感染。

若是皮膚為黴菌感染時，由於皮屑中可能也帶有黴菌，一旦在室內傳播，共同居住的動物或人類可能也會受到傳染，因此應盡早將患病部位的毛髮剃除，並塗上抗黴菌的藥物。

須崎醫師推薦的自家照護方式

如果貓咪很在意皮膚上殘留的搔癢感而不斷舔舐，反而會造成皮膚屏障功能減弱而更進一步地受到黴菌或細菌的感染，因此止癢及保護皮膚屏障功能十分地重要。

當貓咪的皮膚太過乾燥時，可在皮膚塗上保溼的乳霜後再塗上保溼劑。

如果皮膚有滲出液體的情況時，可選擇低刺激性的洗毛精溫柔地幫貓咪將滲出物洗淨，再塗上保護皮膚的軟膏。

若是皮膚狀況以外的原因造成搔癢時，也可利用相同的方法加以改善。

用飲食改善疾病的方法

一般遇到因嚴重過敏反應而引起過敏性休克的病例時，通常只需將造成過敏的食材加以排除即可，可是卻有不少案例在去除過敏原測試結果中呈為陽性反應的食材後，症狀沒有任何改善。

據說魚肉中所含的omega-3脂肪酸能夠改善搔癢的症狀，或許很值得試試看加在鮮食裡。

若是因為腸胃道的原因而造成皮膚發癢時，有時先停止進食讓消化器官休息一下後，問題就能獲得解決了。

有效的營養素及含有這些營養素的食材

由於脂肪含量多的魚肉富含omega-3脂肪酸，具有令人期待的抗發炎效果，因此可說是最值得推薦的食材。

再來就是能補充膳食纖維當作腸內細菌食物來源的胡蘿蔔、青花菜、南瓜等貓咪愛吃的甘甜蔬菜。

如果想增加腸內乳酸菌數量的話，優格或起司也是不錯的選擇，不過這些食材若與鮮食一起吃下去的話，接觸胃酸的時間會太長，因此最好在飯前三十分鐘以前食用。

皮膚病、全身性黴菌感染貓咪所需的營養素

攝取具有抗發炎效果的omega-3脂肪酸，與可做為腸內細菌食物來源的膳食纖維，能從體內幫助皮膚的健康！

所需的營養素	含有營養素的食材
omega-3脂肪酸	沙丁魚　鯖魚　竹莢魚
不會造成過敏的動物性食材	羊肉　雞蛋　白肉魚　※須配合每隻貓咪的狀況加以調整
維生素	南瓜　青花菜　胡蘿蔔

將這些食材搭配組合進行烹調！

第一類 動物性蛋白質	第二類 蔬菜	第三類 穀、薯類	＋α
沙丁魚　鯖魚　竹莢魚 白肉魚　雞肉　羊肉 雞蛋　小魚乾	南瓜　青花菜 胡蘿蔔　小松菜	白飯	大蒜 植物油

推薦的食譜範例

利用貓咪最喜歡的雞肉
吸引牠攝取膳食纖維

改善皮膚病之鮮食（1）

〈材　料〉

雞肉……………40g
胡蘿蔔…………10g
小松菜…………10g
白飯……………一大匙
植物油…………四茶匙
小魚乾粉………適量

〈作　法〉

可配合貓咪的喜好準備生食或熟食，具體作法請參考P51的基本食譜。

推薦的食譜範例

利用omega-3脂肪酸改善皮膚的搔癢與紅腫症狀！

改善皮膚病之鮮食（2）

〈材　料〉

白肉魚…………40g
大蒜……………一片
高麗菜…………10g
白飯……………一大匙
植物油…………四茶匙
小魚乾粉………適量

〈作　法〉

可配合貓咪的喜好準備生食（鯛魚）或熟食（鱈魚），具體作法請參考P51的基本食譜。

推薦的食譜範例

利用香味四溢的羊肉與膳食纖維改善皮膚的健康！

改善皮膚病之鮮食（3）

〈材　料〉

羊肉……………40g
胡蘿蔔…………10g
南瓜……………10g
白飯……………一大匙
植物油…………四茶匙
小魚乾粉………適量

〈作　法〉

請參考P51的「熟食」基本食譜。

不同症狀、疾病

糖尿病

症狀

糖尿病初期幾乎沒有任何症狀，經常是隨著貓咪的病程發展才被飼主發現，但並非是飼主一不小心就會忽略的疾病。

特徵性的症狀包括多喝多尿（為了將血糖值降低而大量地飲水）以及吃得很多卻逐漸消瘦，其他還有精神、食慾變差及嘔吐等症狀。

原因

由於貓咪在激動的時候血糖值會升高，因此在抽血時若是貓咪很激動的話，會無法進行正確的診斷。反之，也有因為這種狀態下所得到的檢驗結果而誤診為糖尿病的病例。

一般來說，大多認為肥胖和高齡的貓咪罹患糖尿病的風險較高，此外也有人認為結紮過後的公貓、暹羅貓或緬甸貓比較容易罹患到糖尿病。

動物醫院一般會採取的治療法

雖然有些病例能夠只透過口服的降血糖藥來控制血糖，但一般而言還是以注射胰島素為基本療法。

注射胰島素的風險在於一旦注射過量時可能會導致低血糖症（血糖值下降太多），因此注射劑量、注射次數、注射時機等，都必須與家庭獸醫師充分諮詢後再正確施行。另外還可藉由處方飼料或運動療法加以改善。

須崎醫師推薦的自家照護方式

有些飼主因為覺得「讓貓咪注射胰島素感覺好可憐」，認為就算沒有徹底控制血糖貓咪也好好的，於是總是在尋找一些不用胰島素就能控制糖尿病的方法。可是糖尿病一旦沒有徹底地監控，就有可能危急貓咪的生命，因此請飼主務必要與獸醫師討論控制血糖值的治療方針並徹底執行。家中的照護工作只是讓糖尿病的控制更加順利而已，請不要搞錯優先順序。

過去一般都建議糖尿病的病患要以「低脂肪、高纖維」的食物為主，不過現在已經改為「低碳水化合物、高蛋白質」的食物為主流觀念。

這是因為過去認為將脂肪的攝取量降低之後，低熱量的飲食可以達到控制體重的目的，而增加膳食纖維的含量則可減緩腸內吸收葡萄糖的速度。不過根據控制血糖值的各種相關研究結果顯示，現階段將穀類控制在總量10～20％程度的飲食比增加膳食纖維更能有效控制血糖，因此更加推薦功能性更充分、預防效果也更好的低碳水化合物飲食。

當貓咪攝取低碳水化合物飲食後，能藉由肝臟進行的糖質新生作用（由生糖性胺基酸轉變為葡萄糖的過程）維持血糖值，而且也不會增加肝臟的負擔。

為了能活用這種糖質新生功能，必須將飲食中醣類減少的部分代換為蛋白質。不過如果是被診斷出腎臟功能低下的貓咪，雖然高蛋白質的飲食並不會造成腎臟功能惡化，但因為會讓血液中的尿素氮（BUN）數值升高，為了能分清楚是飲食造成的效果還是腎臟功能低下所致，請務必要先與獸醫師諮詢後再實行。

此外，儘管飲食十分重要，但運動也是非常重要的一環。除了因為症狀嚴重只能躺著無法運動的貓咪之外，只要是能活動的貓咪，飼主都應該要確保貓咪有足夠的嬉戲時間，讓牠擁有適當的運動量。

有些香藥草也適合用來控制血糖值，例如：武靴葉、高麗人參、西洋蒲公英的葉子與根、山桑子、藥蜀葵、金盞花、絲蘭等。

糖尿病的貓咪所需的營養素

基本上飲食要遵守「低脂肪、高纖維」或「低碳水化合物、高蛋白質」的原則，並在獸醫師的指導下正確有效地控制血糖值。

所需的營養素	含有營養素的食材
脂肪含量少的肉類	雞里肌肉　雞胸肉（去皮）　豬腰內肉
水溶性膳食纖維	海帶芽　海帶根　秋葵
不溶性膳食纖維	玉米　豆腐渣　南瓜

將這些食材搭配組合進行烹調！

第一類 動物性蛋白質	第二類 蔬菜	第三類 穀、薯類	+α
牛肉　雞胸肉（去皮） 雞里肌肉　豬腰內肉 鮪魚　小魚乾	高麗菜　南瓜 玉米　青花菜 菇類　秋葵 海帶芽　海帶根	番薯	豆腐 植物油

推薦的食譜範例

利用低脂肪、高纖維的飲食
輕鬆控制血糖值！

改善糖尿病之鮮食（1）

〈材　料〉

牛肉……………30g
豆腐渣…………10g
高麗菜…………10g
南瓜……………10g
植物油…………四茶匙
小魚乾粉………適量

〈作　法〉

可配合貓咪的喜好準備生食或熟食，
具體作法請參考P51的基本食譜。

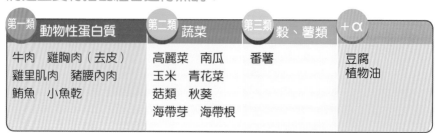

推薦的食譜範例

用低碳水化合物、高蛋白質的飲食輕鬆控制血糖！

改善糖尿病之鮮食(2)

〈材　料〉

鮪魚……………30g
白煮蛋…………半顆（25g）
青花菜…………10g
番薯……………20g
植物油…………四茶匙
小魚乾粉………適量

〈作　法〉

請參考P51的「熟食」基本食譜。

推薦的食譜範例

利用低脂肪、高蛋白質的飲食輕鬆控制血糖值！

改善糖尿病之鮮食(3)

〈材　料〉

雞肉……………40g
豆腐……………10g
洋菇……………10g
南瓜……………10g
植物油…………四茶匙
小魚乾粉………適量

〈作　法〉

可配合貓咪的喜好準備生食或熟食，
具體作法請參考P51的基本食譜。

癌症

症狀

有些貓咪的癌症是在飼主撫摸貓咪的時候，摸到身體有一部分鼓鼓的，才發現原來是長了硬塊。腫瘤分成兩種，一種是不會轉移到其他部位的良性腫瘤，另一種則是會不斷反覆增生並轉移到其它臟器、致死率高的惡性腫瘤，也就是所謂的癌症。腫瘤沒有特定的症狀，通常呈現的是沒有精神、體重減輕等所謂健康狀態不佳的現象。

原因

在我們人類的體內，即使是健康的人據說也會每30秒就產生一個腫瘤細胞，雖然算下來每天會有3000個腫瘤細胞產生，但這些細胞都會在正常的白血球攻擊下消失。

可是，一旦身體因為化學物質、重金屬或感染等原因讓新生的腫瘤細胞數量增加時，因為超過白血球的處理能力範圍，於是就轉變成腫瘤或癌症了。

動物醫院一般會採取的治療法

針對癌症一般會採取的治療法包括：以外科手術切除腫瘤、以化學療法減殺腫瘤細胞以及放射線療法。

若採取外科手術，大部分還會在術後進行化學療法投予抗癌藥物，以防止癌症復發。目前還有將白血球從體內取出後進行培養再注射回體內的免疫療法，飼主可隨時從「正確的管道」蒐集最新的相關資訊。

須崎醫師推薦的自家照護方式

事出必有因，如果沒有原因是不會形成腫瘤的。

腫瘤細胞在健康的人類體內每30秒就會產生一個，也就是說每天會產生近3000個腫瘤細胞，只不過在白血球的正確攻擊下，這些腫瘤細胞都會被消滅殆盡。因為腫瘤細胞每天形成後都會被消滅，因此不論是產生還是消失，都並不特別。

一般人一聽到癌症，似乎都會馬上聯想到是因為「免疫力不好」的關係，但即使白血球的戰鬥力是正常的，有時也會因腫瘤細胞產生的速度過快而來不急消滅。因此此時該採取的措施並非提高免疫力，而是應該找出癌細胞之所以會這樣不斷產生的原因，並加以排除。可是經過調查，讓寵物攝取營養補充品來提高免疫力的人反而比較多，其實這都是一些無謂的做法。

若想要排除體內累積的某種物質，就必須先找出致病的原因在哪，唯有找出這個原因，才能決定用什麼方式加以排除，若不知道原因為何，就只能採取對症療法。

而即使已經決定好用何種方式來排除致病原因，若病患只是一直躺著不動，也會因為肌肉沒有收縮運動，而使得血液無法將有效成分充分地運送到患部，而且也因為淋巴循環不良，有時還會導致老舊廢物無法從體內排除乾淨。

另外，雖然攝取抗氧化物質有時可以將症狀穩定下來，但這是因為抗氧化物質把白血球為了消滅病因而釋放出來的活性氧無效化之後，才使症狀穩定。結果病因卻依舊殘留在體內，一旦停止攝取抗氧化物質的話，症狀很可能會再度復發。

而β-多醣體因為屬於多醣類，既無法從消化道直接吸收（會分解成單醣），也無法抵達患部，因此到底有沒有必要去攝取β-多醣體的營養補充品是令人存疑的。不過如果能讓貓咪攝取切碎熬煮過後的菇類或海藻，應該還是有所幫助。

此外，為了避免症狀不斷復發，生活環境的除菌工作對於病患也會有極大的益處。

癌症貓咪所需的營養素

為了促進血液循環，讓有效成分能夠順利抵達應該前往的部位，來幫貓咪準備可以調整腸內細菌和補充維生素的鮮食吧！

所需的營養素	含有營養素的食材
維生素	南瓜　青花菜　胡蘿蔔
礦物質	小魚乾　魩仔魚　櫻花蝦
EPA、DHA	沙丁魚　鯖魚　鮭魚

將這些食材搭配組合進行烹調！

第一類 動物性蛋白質	第二類 蔬菜	第三類 穀、薯類	＋α
雞肉　雞蛋　沙丁魚 鯖魚　鮭魚　魩仔魚 櫻花蝦　小魚乾	胡蘿蔔　青花菜 白蘿蔔　高麗菜 南瓜	白飯	大蒜 植物油

推薦的食譜範例

利用鮭魚的蝦青素與大蒜的活力
打造出不向疾病低頭的身體！

改善癌症之鮮食（1）

〈材　料〉

鮭魚……………40g
白煮蛋…………半顆（25g）
胡蘿蔔…………10g
大蒜……………一片
白飯……………一大匙
植物油…………四茶匙
小魚乾粉………適量

〈作　法〉

請參考P51的「熟食」基本食譜。

推薦的食譜範例

利用omega-3脂肪酸
達到強力抗發炎的目的！

改善癌症之鮮食（2）

〈材　料〉

沙丁魚…………40g
白蘿蔔…………10g
青花菜…………10g
白飯……………一大匙
植物油…………四茶匙
小魚乾粉………適量

〈作　法〉

可配合貓咪的喜好準備生食或熟食，
具體作法請參考P51的基本食譜。

推薦的食譜範例

利用膳食纖維做為腸內細菌的
食物來源，提高腸道免疫力！

改善癌症之鮮食（3）

〈材　料〉

雞肉……………40g
南瓜……………10g
高麗菜…………10g
白飯……………一大匙
植物油…………四茶匙
小魚乾粉………適量

〈作　法〉

可配合貓咪的喜好準備生食或熟食，
具體作法請參考P51的基本食譜。

肝病

症狀

由於貓咪的肝病幾乎都是等到肝臟狀態十分惡化後才會出現症狀，因此經常遲遲未能發現，有時甚至要到出現黃疸、腹水、出血或口臭惡化等症狀時，才被飼主發現。如果症狀發作強烈，還會經常有下痢、嘔吐、便祕、沒有精神等現象。

此外，也有貓咪是在隔了很久才做的血液檢查結果中，才發現各個肝臟指數早已過高了。

原因

造成肝病發生的原因包括：攝取到過多化學物質、大量服用藥物或受到病毒、細菌、寄生蟲等病原的感染。

此外，餐後多餘的熱量會在肝臟轉換為脂肪，再運送到脂肪組織讓脂肪逐漸肥厚，若這個過程無法順利進行時，多餘的脂肪就會累積在肝臟。

另外，有時其他臟器出現問題也會影響到肝臟功能。

動物醫院一般會採取的治療法

由於肝臟屬於不容易出現症狀的臟器之一，往往在診斷出貓咪患有肝病時，病程都已經發展一段時間了。

基本的治療方法為藥物療法，目的在於抑制症狀並讓它不再惡化。視情況有時也可能必須採取外科手術治療。

由於肝病很難早期發現，因此，讓貓咪進行定期的健康檢查十分重要。

須崎醫師推薦的自家照護方式

當肝臟發生某種問題時，最重要的就是要「讓肝臟休息」。雖然具體的做法是「不要讓貓咪吃太多」，不過有不少人會把這個觀念誤解為全部的食物都不能吃，其實並非如此。

此外，雖然有些香藥草或營養補充品能夠強化肝臟功能，但若是肝臟以外的問題導致肝指數升高時，就幾乎無法發揮改善的功效了。

如果是這種情況時，就不應該執著於改善解決同樣的事情，而是應該想辦法找出根本的原因才是重點。

用飲食改善疾病的方法

由於肝臟是身體的臟器中再生能力最強的器官，因此以蛋白質為主的飲食療法十分重要，這樣才能提供再生所需的原料。

前面曾經提到，與其給貓咪補充營養，不如讓肝臟休息對於改善疾病更有益處。

此外，在東洋醫學裡雖然有所謂「同物同治」的觀念，也就是吃肝補肝，認為吃肝臟能夠讓肝臟的功能正常化。但若光是讓貓咪吃肝臟的話，可能會增加其他消化器官（脾臟）的負荷，因此也要加入胡蘿蔔、雞肉或豆腐渣等食材。

有效的營養素及含有這些營養素的食材

由於肝細胞再生的過程中需要蛋白質、維生素和礦物質，因此動物性食材及海藻類食材十分重要。而營養素中，維生素C、維生素E、維生素B群、鋅和牛磺酸也很重要。

東洋醫學裡會推薦酸性食材（例如豬肉）給罹患肝病的貓咪吃，但為了避免貓咪吃入太多豬肉，應在飲食中再加入胡蘿蔔、雞蛋、豆腐渣、西瓜或哈密瓜等食材，若為重症的話，則再追加肝臟。如果擔心讓貓咪吃入太多肝臟的話，也可試著添加小芋頭或白蘿蔔。

肝病的貓咪所需的營養素

為了讓貓咪的肝臟得到休息，可將餵食量減少以幫助肝臟再生。此外，也要記得讓貓咪攝取優質的蛋白質

所需的營養素	含有營養素的食材
牛磺酸	貝類　竹莢魚　花枝
維生素E	南瓜　玉米　鮭魚卵
鋅	牡蠣　豬肝　牛肩肉

將這些食材搭配組合進行烹調！

第一類 動物性蛋白質	第二類 蔬菜	第三類 穀、薯類	＋α
雞肉　豬肉　牛肩肉 豬肝　雞蛋　起司 竹莢魚　牡蠣　貝類 花枝　鮭魚卵　小魚乾	南瓜　玉米 菇類　蘆筍 胡蘿蔔　白蘿蔔 高麗菜	白飯	植物油

推薦的食譜範例

利用優質蛋白質
幫助肝臟再生！

改善肝病之鮮食（1）

〈材　料〉

雞肉……………30g
白煮蛋…………半顆（25g）
鴻喜菇…………10g
蘆筍……………10g
白飯……………一大匙
植物油…………四茶匙
小魚乾粉………適量

〈作　法〉

可配合貓咪的喜好準備生食或熟食，具體作法請參考P51的基本食譜。

推薦的食譜範例

根據「同物同治」的智慧
吃肝補肝，強化肝臟功能！

改善肝病之鮮食（2）

〈材　料〉

豬肉……………30g
肝臟……………10g
胡蘿蔔…………10g
白蘿蔔…………10g
白飯……………一大匙
植物油…………四茶匙
小魚乾粉………適量

〈作　法〉

請參考P51的「熟食」基本食譜。

推薦的食譜範例

利用貓咪愛吃的肉類
香味促進食慾！

改善肝病之鮮食（3）

〈材　料〉

牛肉……………30g
起司……………10g
高麗菜…………10g
鴻喜菇…………10g
白飯……………一大匙
植物油…………四茶匙
小魚乾粉………適量

〈作　法〉

可配合貓咪的喜好準備生食或熟食，
具體作法請參考P51的基本食譜。

不可不知的貓咪小知識

為貓咪量身打造專屬飲食很重要

不只鈣質，所有的營養都是必須的

一說到配合貓咪成長階段的飲食，似乎很容易給人要準備某種特別飲食的印象，不過我很希望大家能在明白這其實是一種誤解之後，開始嘗試製作。

經常有人認為發育期間的貓咪特別需要攝取蛋白質和鈣質，但正確來說，發育期間所有的營養素都是必須的。

而且因為貓咪在發育期間需要大量的食物，所以更應該趁這個時期，讓貓咪願意吃下各種不同的食物。

老鼠也沒有分幼貓專用或高齡貓專用

在自然界裡，並沒有幼貓專用的老鼠可以吃，當然也沒有成貓專用、高齡貓專用的老鼠，這些貓咪是藉由攝食各式各樣的食物來進行整體調節的。

人類也是如此，雖然發育期的兒童會吃下大量的食物，但隨著年齡增長，讓人覺得飽足的食量會漸漸減少，而沒有減少的人就可能會漸漸增胖，並不管因為某種特殊的營養不夠均衡就讓身體失去健康。

貓咪一旦過胖，脂肪肝將不利手術進行

貓咪實際上是一種很會自我調節的動物，只是有時會輸給飼料的吸引力，吃下無法與運動量達成平衡的食物量。

同樣的問題有時則是發生在飼主身上，也就是飼主雖然努力把餵食量減少了，但「對這隻貓咪來說仍舊太多」。而為了讓貓咪年老之後依然有著矯健的身材，若乾飼料會讓貓咪肥胖的話，試著改成水分含量多的自製鮮食說不定就能解決問題。

貓咪擁有超越人類智慧的調節能力

大家都知道我們人類一旦攝取過多的糖分就會變得肥胖，相反地，若血糖值下降時，體內就會發生分解肌肉、將胺基酸轉換為葡萄糖等維持體內血糖值的作用。就像這樣，我們的身體擁有一種「調節能力」，會因應體內的需求情形，在某種程度下將營養素靈活地隨機應變，而這種調節能力能將體內環境維持在穩定的狀態。

偶爾有些人會無視身體的調節能力，提出「如果飲食沒有配合嚴格的營養均衡需求，貓咪就會生病」這樣極端的主張，其實是非常沒有道理的。

吸收知識，不要受營養均衡神話左右

所謂的「營養均衡神話」，是根據數篇有關「假設每天食用由粉狀凝結成顆粒的乾飼料，就必須攝取某種程度的營養」的論文而導出來的結論。

可是在科學的基礎中，有所謂的「條件改變的話結果也會改變」，因此這種理論並不能百分之百套用到自製鮮食上。

順帶一提，目前尚未定出貓咪對於鹽分的最大安全攝取量，這是因為身體在出現異常以前，就會進入「無法承受過鹹食物」的狀態，所以所謂貓咪不能吃鹽的這種觀念，大家是不是還要多想想看呢？

避免持續吃同一種食物

在一九六〇年代，曾有讓貓咪長期只吃生的心臟而導致鈣質缺乏症的案例。

從這個案例開始，大家漸漸開始有「果然不能只讓貓咪吃生的心臟、必須讓貓咪吃多樣化的食物、均衡的食物是很重要的」等觀念，而事實也的確如此。

就像我們人類一樣，我們也會利用各種不同的食材，每天調整我們的飲食內容，因此簡單來說，發育期的貓咪需要大量的食物，而完成發育後的貓咪則要控制飲食量在不會變胖的程度，等貓咪年歲漸長之後，則需要飼主多花一些心思，提供貓咪少量且對健康無害的飲食。

不可不知的貓咪小知識

照顧幼貓時的注意事項

有辦法每隔幾小時給幼貓餵奶嗎？

雖然幼貓最好能由母貓親自養育，但有時就是會有各種不同的原因，改由人類負責照顧。

尤其是有些和貓咪特別有緣的人，似乎總是能發現被遺棄的貓咪，並願意伸出援手來照顧牠們。雖然我們能理解這種身為人類無法將貓咪放著不管的心情，可是就這樣把貓咪帶回家真的好嗎？「是否真的知道之後要付出怎樣的勞力呢？」常會有這樣的顧慮。

幼貓無法調節體溫、也無法獨立生存

剛出生的幼貓有很多地方需要依賴母貓才有辦法存活下來，所以如果將幼貓帶回家的話，一定要代替母貓來撫養牠。

首先，因為幼貓無法自行調節體溫，所以必須注意保溫和通風來幫忙調節。而且幼貓當然不會表達覺得太冷或是太熱，所以也必須一邊觀察牠們的反應一邊找出適當的溫度。

每隔幾個小時就必須餵奶給幼貓喝

幼貓每隔幾個小時就必須進食（喝奶），例如出生後前四天每兩小時就必須喝一次奶、出生後第五～十三天每三小時喝一次奶、出生後第十四～廿一天每三～四小時喝一次奶。

就和人類的嬰兒一樣，照顧的人必需要有充分的心理準備，了解照顧嬰兒期的幼貓是非常辛苦的。因此在決定是否接手照顧幼貓前，請務必仔細思考自己是否能做到這些照顧的細節。

撿到離乳前幼貓（母貓不在身邊）時的餵食法

	食事回
出生後前四天	每兩小時餵一次奶
出生後第五～十三天	每三小時餵一次奶（此時為新生兒時期）
出生後第十四～廿一天	每三～四小時餵一次奶
出生後第廿二～廿八天	漸漸轉換成離乳食品

幼貓的體重變化（在正常攝取營養的情況下）

出生後第一週	誕生時的兩倍
出生後第二週	誕生時的三倍左右

應該給幼貓喝哪種「奶」比較好呢？

雖然選擇適合的奶水讓幼貓喝也是非常重要的重點，而且針對這一點也有「市面販售的貓用奶粉比較好」「讓貓咪喝牛奶也沒關係」「羊奶很適合貓咪」等各種不同的意見，因為有非常多選擇，所以只要合乎本人需求，其實選擇哪種都可以。如果所含的養分較少的話，那麼多喝一些即可。如果飼主覺得麻煩的話，買市面上販售的貓用奶粉也沒有什麼不好。雖然有人認為「貓用奶粉的原料不是牛奶嗎……」，但就像不小心吃到頭髮也不會因此讓自己變成毛茸茸的一樣，不管原料是什麼，身體吸收的都是它們的營養素，所以基本上是不會有問題的。

幼貓的排便控制也要靠照顧者幫忙！

一個月齡以前的幼貓通常無法自行排便，必須靠貓媽媽幫忙舔舐肛門和陰部，幼貓才會因刺激所產生的反射順利完成排泄。因此在幼貓吃飯的前後，照顧者必須用沾了溫水的柔軟溼布或面紙，輕輕地摩擦幼貓的陰部，然後幼貓就會像擠水彩顏料一樣，將帶有硬度的糞便排出來了。

由於這些工作都必須仰賴照顧者才能進行，所以照顧者一定要慎重考量自己是否擁有足夠的時間與金錢，以及是否已經做好心理準備。

不可不知的貓咪小知識

必須注意的食材、避免餵食過多的食材

必須注意的食材

如果拿這個標題去問不同的飼主，會發現有不少完全錯誤的理解，而且似乎也有很多飼主會因為擔心而覺得不要給貓咪吃比較好。

首先，毒物學之父帕拉塞爾蘇斯曾提過：「所有的物質都有毒，無毒的物質是不存在的。毒物與藥物間的區別，只在於劑量是否適當。」因此每位飼主都應要有這樣冷靜的判斷能力。

舉例來說，雖然人類在喝水之後能夠藉由排尿來調整體內的水分，可是一旦喝下超過處理速度的大量水分時，就有可能造成體內水腫甚至死亡（每小時飲水1～1.5公升是最大安全值）。

吃入有害成分與有害成分是否超過身體的處理能力而造成實際傷害，這兩件事必須冷靜地加以區分。建議大家以後即使看到此類相關的新資訊，也要參考專家的意見並正確地了解「要在什麼樣的條件下，有多少的機率才會發生」。

【驗證一般人認為不能吃的食材】

■蔥類

由於貓咪對烯丙基二硫化合物具有感受性，因此不能餵給貓咪吃。

■葡萄、葡萄乾

雖然目前沒有相關的研究報告，但因為這兩者並非飼主會積極餵食給貓咪的食物，而且就算吃到了通常也不會達到有害的劑量。※

■辛香料

一般來說貓咪不太可能會去吃這類食物，所以不需特別擔心，如果真的吃到的話也只

※譯註：雖然沒有明確的中毒劑量，但根據國外研究報告推算，犬貓每公斤體重吃入20g 左右的葡萄或每公斤體重吃入3g 左右的葡萄乾即有可能造成嘔吐、下痢或腎臟問題，飼主仍需謹慎。）

會暫時性下痢約一週左右。

■雞骨頭

雖然經常聽到這種說法，不過很多的獸醫都沒有接觸過此類病例。

■魚貝類

由於生的魚貝類中含有維生素B_1分解酵素，所以如果貓咪長期下來每天只吃海鮮的話，或許真的會有問題。可是除了生活在漁港的貓咪以外，並不需要特別擔心。

■菠菜

雖然有人認為草酸是造成結石的原因之一，但貓咪原本就不可能吃下大量的菠菜。

■堅果類

雖然曾有貓咪出現暫時性的症狀，但目前尚未有致死的相關報告。

■巧克力

由於貓咪很難吃下大量的巧克力，所以不需特別擔心。

■生蛋

人類的話要持續每天吃十顆以上的雞蛋（貓咪是每天一顆以上），才會得到生物素缺乏症，但是一般根本不會吃到那麼多的生蛋。

■小魚乾海苔

雖然因為鎂的含量較高，被認為是易造成結石的食材，但只要攝取大量的水分，並讓尿液pH值偏向酸性（平常飲食以肉類或魚肉為主的狀態），就不會有什麼大問題。

■米飯

由於生物能將蛋白質合成醣類與脂肪，所以白飯對貓咪來說屬於「不吃也能生存」的食材，只是不知何時被誤傳為「不能吃」而已。

■肝臟

肝臟雖然被視為可能導致維生素A中毒的食材，但除非大量攝取維生素A的營養補充品，否則很難在一般的飲食生活中吃到過量。

■鮑魚、蠑螺、九孔的內臟

雖然這些食物的確有造成光敏症的風險，但只要不是生活在漁港的貓咪，應該不需要特別擔心。

■茶、咖啡

雖說咖啡因會造成神經系統的刺激，不過貓咪一般是不會去喝的。

■茄科蔬菜

原本是患有關節炎的貓咪如果飲食中沒有茄科蔬菜的話關節會比較舒服，只是不知從何時起誤傳為吃了茄科蔬菜會導致關節炎，這是錯誤的。

結語

每次接觸到健康狀態不是很理想的貓咪時，都會覺得果然沒有「萬能工具」或「黃金定律」的存在。即使是同一個家庭裡飼養的貓咪，每一隻貓咪的需求都不一樣，適合的照顧方式也不相同。不過儘管我在面對「對貓咪來說到底什麼是必須的？」這種問題時，無法給予明確的答案，但若是問我「從這隻貓咪的狀態來看該怎麼做比較好」，我還是可以針對個別的案例提供適當的解答。

此外，本院有不少的重症病例，也經常會有飼主在貓咪臨終前的階段來詢問我：「雖然牠已經不肯吃飼料了，可是牠看起來好像很想吃我們在吃的東西，但貓咪是不是不能吃人類的食物？可是讓牠吃一點的話牠會很開心……」不過只要在我提供明確的科學理由之後，通常飼主就會接受，也有很多飼主從電話諮詢中得到我的一些建議後，馬上放下心來準備鮮食給貓咪吃。也會有飼主願意把貓咪一些微小的變化分享給我知道，像是「雖然牠不肯吃水煮的食物，可是只要用烤的牠就會開心地吃下去」等。雖然遺憾的是，這些經驗可能無法對病危的貓咪幫上更多的忙，但我相信這些飼主之後若是又再飼養貓咪的話，會有所幫助。

儘管食物並不像藥物一樣擁有強大的功效，但因為可以作為每天的輔助力量，所以是非常重要的因素。而且食物的角色也不只是單純的營養補充，它也是飼主與貓咪之間的感情媒介，能將飼主愛的力量傳達給貓咪知道。

本書的內容主要是為了回應電子報或部落格讀者們所提出的問題，當初能在短時間內收到那麼多的迴響，真的很感謝大家。當然，面對數百個問題，一定會有不少沒有回答到的地方，這些問題我將會留待下本書或是在電子報中加以解答，有興趣的讀者請務必撥冗上網登錄（請參考P136）。如果本書的內容能對各位讀者有些許幫助的話，就是我最大的榮幸了。

Information

〈食品、營養補充品〉

各位讀者如果對使用安心食材的寵物食品，或是特別加強排毒效果的營養補充品有興趣的話，請至須崎動物醫院的官網洽詢。

〈免費電子報〉

定期發行有關自製鮮食之經驗談與最新資訊的電子報，可在電腦和手機上查閱，歡迎有興趣的人上官網登錄（請參考P136）。

〈想要正統學習寵物營養學或整體照護的讀者〉

針對想要認真學習貓咪自製鮮食等相關資訊的飼主，以及想要正確學習例如「酵素真的有助健康嗎？」等寵物飲食及營養學相關知識的人們，目前已有專門開設函授課程「寵物學院」，請至http://www.1petacademy.com/ 網頁查詢。

〈寵物飲食教育協會〉

在各地舉辦「寵物自製鮮食入門講座」，由協會認證的講師授課，提供想要輕鬆了解鮮食相關知識的飼主們參加。以透過飲食讓寵物過著更舒適的生活為宗旨，培育講師推廣飲食教育之相關知識，並舉辦推廣活動傳遞正確的訊息。

（網址：http://apna.jp/）

〈聯絡資訊〉

【須崎動物醫院】

〒193－0833　東京都八王子市目白台2-1-1 京王目白台大樓A棟310號室

TEL：042-629-3424

（週一～週五10：00～13：00、15：00～18：00／假日除外）

FAX：042-629-2690（24小時受理）

官網網址（電腦版）：http://www.susaki.com

部落格：http://susaki.cocolog-nifty.com/blog/

E-mail：clinic@susaki. com

※有關寵物個別症狀之諮詢，本院將以直接診療或電話諮詢之方式進行回應。

※院內之直接診療和電話諮詢為完全預約制。

協助者名單

協助烹飪／犬膳貓膳本舖

身為寵物飲食教育協會講師、寵物營養管理師的主廚，為了做出能夠幫助狗狗和貓咪心靈與身體的鮮食，利用最新鮮、安全、安心的食材製作寵物專用的配菜與零食並開店販售。並以寵物飲食教育協會（APNA）飲食教育講師的身份，定期舉辦「寵物飲食教育入門講座」，推廣「食物」的重要性。

おおもりみさこ（Oomori Misako）
店舖官網：http://inuzennekozen.wanchefshop.com/
e-mail：inuzennekozen@wanchefshop.com

協助烹飪／くわはたゆきこ（Kuwahata Yukiko）

從狗狗和貓咪開始，特別喜歡動物的兼職主婦，在受過狗狗和貓咪生理知識與營養學知識相關訓練後，目前為寵物飲食教育協會候補講師。愛貓過世之後，目前每天都會幫愛犬（蝴蝶犬）製作鮮食。丈夫為擅長鉛筆畫的插畫家，柔和精緻的筆觸十分優美。

「興奮不已的狗狗鮮食」http://ameblo.jp/wanwangohan/
「Pencil Drawing」http://hamten.sakura.ne.jp/pencildrawing/

上網登錄電子報的方法

❶ 請先至須崎動物醫院官網http://www.susaki.com
❷ 按下首頁左側長形選單下方數來第三項的「電子報」
❸ 選擇貓咪的電子報進行登錄

以上。
諮詢方式在電子報中也有說明。
歡迎有興趣的讀者們上網進行登錄。

〈本書醫學參考資料〉

醣類

Kienzle. E. 1993. Carbohydrate metabolism in the cat. 1. Activity of amylase in the gastrointestinal tract of the cat. J. Anim. Physiol. Anim. Nutr.69:92-101.

Kienzle, E. 1993. Carbohydrate metabolism in the cat. 2. Digestion of starch. J. Anim. Physiol. Anim. Nutr. 69:102-114.

Kienzle, E. 1993. Carbohydrate metabolism in the cat. 3. Digestion of sugars. J. Anim. Physiol. Anim. Nutr. 69:203-210.

Kienzle, E. 1993. Carbohydrate metabolism in the cat. 4. Activity of maltase. isomaltase, sucrase, and lactase in the gastrointestinal tract in relation to age and diet. J. Anim. Physiol. Anim. Nutr. 70:89-96.

Kienzle E. 1989. Untersuchungen zum Intestinal- Lind Intermediarstoffwechsel von Kohlenhydraten (Starke verschiedener Herkunft and Aufhereitung, Mono- and Disaccharide) bei der Hauskatze (Felis catut) (Investigations on intestinal and intermediary metabolism of carbohydrates (Starch of different origin and processing, mono- and disaccharides) in domestic cats (Fells cants). (Habilitation thesis). Tierarztliche Hochschule, Hannover.

Lineback, D. R. 1999. The chemistry of complex carbohydrates. Pp. 1 15-129 in Complex Carbohydrates in Foods, S. S. Cho, L. Prosky, and M. Dreher, eds. New York: Marcel Dekker, Inc.

Hore, P., and M. Messer. 1968. Studies on disaccharidase activities of the small intestine of the domestic cat and other mammals. Comp. Biochem. Physiol. 24:717-725.

Morris. J. G., J. Trudell, and T. Pencovic. 1977. Carbohydrate digestion by the domestic cat (Feh.s cants). Br. J. Nutr. 37:365-373.

Murray, S. M., G. C. Fahey, Jr., N. R. Merchen, G. D. Sunvold, and G. A.Reinhart. 1999. Evaluation of selected high-starch flours as ingredients in canine diets. J. Anim. Sci. 77:2180-2186.

脂肪

Chew, B. P., J. S. Park, T. S. Wong, H. W. Kim, M. G. Hayek, and G. Rein- hart. 2000. Role of omega-3 fatty acids on immunity and inflammation in cats. Pp. 55-67 in Recent Advances in Canine and Feline Nutrition, Vol. III, G. A. Reinhart and D. P. Carey, eds. Wilmington. Ohio: Orange Frazer Press.

Hayes, K. C., R. E. Carey, and S. Y. Schmidt. 1975. Retinal degeneration associated with taurine deficiency in the cat. Science 188:949-951.

Lepine, A. J., and R. L. Kelly. 20(X). Nutritional influences on the growth characteristics of hand-reared puppies and kittens. Pp. 307-319 in Recent Advances in Canine and Feline Nutrition, Vol. III, G. A. Reinhart, and D. P. Carey, eds. Wilmington, Ohio: Orange Frazer Press.

MacDonald, M. L., Q. R. Rogers, and J. G. Morris. 1984. Nutrition of the domestic cat. a mammalian carnivore. Ann. Rev. of Nutr. 4:521-562.

MacDonald, M. L., Q. R. Rogers, and J. G. Morris. 1984. Effects of dietary arachidonate deficiency on the aggregation of cat platelets. Comp. Biochem. Physiol. 78C:123-126.

MacDonald, M. L.. Q. R. Rogers. J. G. Morris. and P. T. Cupps. 1984. Effects of linoleate and arachidonate deficiencies on reproduction and spermatogenesis in the cat. Journal of Nutrition 114:719-726.

MacDonald, M. L., Q. R. Rogers, and J. G. Morris. 198.5. Aversion of the cat to dietary medium-chain triglycerides and caprylic acid. Physiology Behavior. 35:371-375.

Pawlosky, R., A. Barnes, and N. Salem, Jr. 1994. Essential fatty acid metabolism in the feline: Relationship between liver and brain production of long-chain polyunsaturated fatty acids. J. Lipid Res. 35:2032-2040.

Pawlosky, R., A. Barnes, and N. Salem, Jr. 1994. Essential fatty acid metabolism in the feline: Relationship between liver and brain production of long-chain polyunsaturated fatty acids. J. Lipid Res. 35:2032-2040.

Pawlosky, R. J., Y. Denkins, G. Ward, and N. Salem. 1997. Retinal and brain accretion of long-chain polyunsaturated fatty acids in developing felines: The effects of corn-based maternal diets. Am. J. Clin. Nutr 65:465472.

Risers. J. P. W., A. J. Sinclair. and M. A. Crawford. 1975. Inability of the cat to desaturate essential fatty acids. Nature 255:171-173.

Rivers, J. P. W. 1952. Essential fatty acids in cats. J. Small Anim. Pract. 23:563-576.

Rivers. J. P. W.. and T. L. Frankel. 1950. Fat in the diet of dogs and cats. Pp.67-99 in Nutrition of the Dog and Cat, R. S. Anderson, ed. Oxford, UK:Pergamon Press.

Rivers. J. P. W.. and T. L. Frankel. 1951. The production of 5,5,1 1-eicosatrienoic acid (20:311-9) in the essential fatty acid deficient cat.Proceedings of the Nutrition Society 40:117a.

Sinclair, A. J. 1994. John Rivers (1945-1959): His contribution to research on polyunsaturated fatty acids in cats. Journal of Nutrition 124:25135-25195. Sinclair, A. J., J. G. McLean. and E. A. Monger. 1979. Metabolism of linoleic acid in the cat. Lipids 14:932-936.

Sinclair, A. J., W. J. Slattery, J. G. McLean, and E. A. Monger. 1951. Essential fatty acid deficiency and evidence for arachidonate synthesis in the cat. Br. J. Nutr. 46:93-96.

Simopoulos, A. P. 1991. omega-3 fatty acids in health and disease and in growth and development. Am. J. Clin. Nutr. 54:438463.

Simopoulos, A. P., A. Leaf, and N. Salem, Jr. 1999. Workshop on the Essentiality of and Recommended Dietary Intakes for omega-6 and omega-3 Fatty Acids. J. Am. Coll. Nutr. 18:4878-489.

Stephan, Z. F., and K. C. Hayes. 1978. Vitamin E deficiency and essential fatty acid (EFA) status of cats. Federation Proceedings 37:2588.

蛋白質

Anderson, P. A.. D. H. Baker, P. A. Sherry. and J. E. Corkin. 1980a. Nitrogen requirement of the kitten. Am. J. Vet. Res. 41:1646-1649.

Burger. I. H.. and K. C. Barnett. 1982. The taurine requirement of the adult cat. J. Sm. Anim. Pract. 23:533-537.

Burger. I. H.. and P. M. Smith. 1987. Amino acid requirements of adult cats Pp.49-51 in Nutrition. Malnutrition and Dietetics in the Dog and Cat.Proceedings of an international symposium held in Hanover. September 3-4. English edition. A. T. B. Edney. ed. British Veterinary Association. Burger. I. H., S. E.

Blaza. P. T. Kendall, and P. M. Smith. 1984. The protein requirement of adult cats for maintenance. Fel. Pract. 14:8-14.

Dickinson, E. D., and P. P. Scott. 1956. Nutrition of the cat. 2. Protein requirements for growth of weanling kittens and young cats maintained on a mixed diet. Brit. J. Nutr. 10:311-316.

Greaves, J. P. 1965. Protein and calorie requirements of the feline. In Canine and Feline Nutritional Requirements. O. Graham-Jones, ed., Oxford, UK: Pergamon Press.

Leon, A., W. R. Levick, and W. R. Sarossy. 1995. Lesion topography and new histological features in feline taurine deficiency retinopathy. Exp.Eye Res. 61:731-741.

Levillain, O.. P. Parvy, and A. Hus-Citharel. 1996. Arginine metabolism in cat kidney. J. Physiol. (London) 491(Part 1):471-477.

Miller, S. A., and J. B. Allison. 1958. The dietary nitrogen requirements of the cat. J. Nutr. 64:493-501.

Smalley, K. A.. Q. R. Rogers, and J. G. Morris. 1983. Methionine requirement of kittens given amino acid diets containing adequate cystine. Br. J. Nutr. 49:411-417.

Smalley, K. A., Q. R. Rogers, J. G. Morris, and L. L. Eslinger. 1985. The nitrogen requirement of the weanling kitten. Br. J. Nutr. 53:501-512.

Smalley, K. A., Q. R. Rogers, J. G. Morris, and E. Dowd. 1993. Utilization of D-methionine by weanling kittens. Nutr. Res. 13:815-824.

Morris, J. G.. and Q. R. Rogers. 1978a. Ammonia intoxication in the near adult cat as a result of a dietary deficiency of arginine. Sci. 199:431-432.

Morris, J. G., and Q. R. Rogers. 1978b. Arginine: An essential amino acid for the cat. J. Nutr. 108:1944-1953.

Morris, J. G., and Q. R. Rogers. 1992. The metabolic basis for the taurine requirement of Cats. Pp. 33-44 in Taurine Nutritional Value and Mechanisms of Action, J. B. Lombardini, S. W. Schaffer, and J. Azuma, eds., Volume 315. New York: Plenum Press.

Morris, J. G.. and Q. R. Rogers. 1994. Dietary taurine requirement of cats is determined by microbial degradation of taurine in the gut. Pp. 59-70 in Taurine in Health and Disease, R. Huxtable and D. V. Michalk, eds. New York: Plenum Press.

Rabin. B., R. J. Nicolosi. and K. C. Hayes. 1976. Dietary influence on bile acid conjugation in the cat. J. Nutr. 106:1241-1246.

Scott, P. P. 1964. Nutritional requirements and deficiencies. Pp. 60-70 in Feline Medicine and Surgery, E.J. Catcott. ed. Santa Barbara, Calif.: American Veterinary Publications. Inc.

維生素

Ahmad, B. 1931. The fate of carotene after absorption in the animal organism. Biochem. J. 25:1195-1204.

Bai, S. C., D. A. Sampson, J. G. Morris, and Q. R. Rogers. 1991. The level of dietary protein affects the vitamin B-6 requirement of cats. J. Nutr.1054-1061.

Braham, J. E., A. Villarreal, and R. Bressani. 1962. Effect of line treatment of corn on the availability of niacin for cats. J. Nutr. 76:183-186.

Carey. C. J., and J. G. Morris. 1977. Biotin deficiency in the cat and the effect on hepatic propionyl CoA carhoxylase. J. Nutr. 107:330-334.

Clark. L. 1970. Effect of excess vitamin A on longhone growth in kittens. J. Comp. Pathol. 80:625-634.

Clark. L. 1973. Growth rates of epiphyseal plates in normal kittens and kittens fed excess vitamin A. J. Comp. Path. 83:447-460.

Clark. L.. A. A. Seawright, and R. J. W. Gartner. 1970. Longhone abnormalities in kittens following vitamin A administration. J. Comp. Path. 80:113-121.

Clark. L.. A. A. Seawright. and J. Hrdlicka. 1970. Exostoses in hypervitaminotic A cats with optimal calcium-phosphorus intakes. J. Small Anon. Pract. 11:553-561.

Clark. W. T.. and R. E. W. Halliwell. 1963. The treatment with vitamin K preparations of warfarin poisoning in dogs. Vet. Rec. 75:1210- 1213.

Coburn. S. P., and J. D. Mahuren. 1987. Identification of pyrixdoxine 3-sulfate. pyridoxal 3-sulfate and N-methylpyridoxine as major urinary metabolites of vitamin B, in domestic cats. J. Biol. Chem. 262:2642-2644.

Davidson. M. G. 1992. Thiamine deficiency in a colony of cats. Vet Rec. 130: 94-97

Deady, J. E., Q. R. Rogers, and J. G. Morris. 1981b. Effect of high dietary glutamic acid on the excretion of US-thiamine in kittens. J. Nutr. 1 1 1:1580-1585.

Freye. E., and H. Agoutis. 1978. The action of vitamin B1 (thiamine) on the cardiovascular system of the cat. Biomedicine 28:315-319.

Gershoff, S. N., and L. S. Gottlieb. 1964. Pantothenic acid deficiency in cats. J. Nutr. 82:135-138.

Gershoff. S. N., and S. A. Norkin. 1962. Vitamin E deficiency in cats. J. Nutr. 77:303-308.

Gershoff S. N., S. B. Andrus, D. M. Hegsted, and E. A. Lentini. 1957a. Vitamin A deficiency in cats. Lab. Invest. 6:227-240.

Gershoff, S. N., M. A. Legg. F. J. O'Connor, and D. M. Hegsted. 1957b.The effect of vitamin D-deficient diet containing various Ca:P ratios on cats. J. Nutr. 63:79-93.

Heath, M. K., J. W. MacQueen, and T. D. Spies. 1940. Feline pellagra. Science 92:514.

Hon. K. L.. H. A. W. Hazewinkel, and J. A. Mol. 1994. Dietary vitamin D dependence of cat and dog due to inadequate cutaneous synthesis of vitamin D. Gen. Comp. Endocrin. 96:12-18.

Jubb. K. V.. L. Z. Saunders, and H. V. Coates. 1956. Thiamine deficiency encephalopathy in cats. J. Comp. Path. 66:217-227.

Kang. M. H.. J. G. Morris. and Q. R. Rogers. 1987. Effect of concentration at some dietary amino acids and protein on plasma urea nitrogen concentration in growing kittens. J. Nutr. 117:1689-1696.

Keesling. P. T.. and J. G. Morris. 1975. Vitamin B12 deficiency in the cat. J. Anim. Sc. 41:317.

Kemp. C. M.. S. G. Jacobson, F. X. Borruat, and M. H. Chaitin. 1989. Rhodopsin levels and retinal function in cats during recovery from vitamin A deficiency. Exp. Eye Res. 49:49-65.

Leklem, J. E., R. R. Brown, L. V. Hankes, and M. Schmaeler. 1971. Tryptophan metabolism in the cat: A study with carbon-14-labeled compounds. Am. J. Vet Res. 32:335-344.

Loew, F. M., C. L. Martin, R. H. Dunlop, R. J. Mapletoft, and S. I. Smith. 1970. Naturally-occurring and experimental thiamine deficiency in cats receiving commercial cat food. Can. Vet. J. 1 1:109-1 13.

Mansur Guerios. M. F.. and G. Hoxter. 1962. Hypoalhunlinemia in choline deficient cats. Protides Biol. Fluids Proc. Colloq. 10:199-201.

Morita. T., T. Awakura, A. Shimoda. T. Umemura, T. Nagai, and A. Haruna. 1995. Vitamin D toxicosis in cats: Natural outbreak and experimental study. J. Vet. Med. Sci. 57:831-837..

Morris. J. G. 1977. The essentially of biotin and vitamin B1, for the cat. Pp. 15-18 in Proceedings of the Kal Kan Symposium for the Treatment of Dog and Cat. Morris. J. G. 1996. Vitamin D synthesis by kittens. Vet. Clin. Nutr. 3:88-92.

Morris. J. G. 1999. Ineffective vitamin D synthesis in cats is reversed by an inhibitor of 7-dehydrocholesterol-A7-reductase. J. Nutr. 129:903-909.

Okuda. K.. T. Kitaiaki. and M. Morokuma. 1973. Intestinal vitamin B , absorption and gastric juice in the cat. Digestion 5:417-425.

Pastoor. F. J. H.. A. T. H. Van't Klooster. and A. C. Beynen. 1991. Biotin deficiency in cats as induced by feeding a purified diet containing egg white. J. Nutr. 124S:73S-74S.

Ruaux. C. G.. J. M. Steiner, and D. A. Williams. 2001. Metabolism of amino acids in cats with severe cobalamin deficiency. Am. J. Vet. Res. 62:1852-1858.

Schweigert, F. J.. J. Raila. B. Wichert, and E. Kienzle. 2002. Cats absorb β -carotene, but it is not converted to vitamin A. J. Nutr. 132:16105-16125.

Scott, P. P.. J. P. Greaves. and M. G. Scott. 1964. Nutritional blindness in the cat. Exp. Eye Res. 3:357-364.

Scott, P. P. 1971. Dietary requirements of the cat in relation to practical feeding problems. Small Animal Nutrition Workshop, University of Illinois College of Veterinary Medicine.

Seawright, A. A., P. B. English, and R. J. W. Gartner. 1970. Hypervitaminosis A of the cat. Advances Vet. Sci. Comp. Path. 14:1-27.

Strieker, M. J.. J. G. Morris, B. F. Feldman, and Q. R. Rogers. 1996. Vitamin K deficiency in cats fed commercial fish-based diets. J. Small. Anim. Prac. 37:322-326.

Thenen, S. W.. and K. M. Rasmussen. 1978. Megaloblastic erythropoiesis and tissue depletion of folic acid in the cat. Am. J. Vet. Res. 39:1205- 1207.

Vaden, S. L., P. A. Wood, F. D. Ledley, P. E. Cornwall, R. T. Miller. and R. Page. 1992. Cohalamin deficiency associated with methylmalonic aciduria in a cat. J. Am. Vet. Med. Assoc. 200:1 101-1 103.

Yu, S., E. Shultze, and J. G. Morris. 1999. Plasma homocysteine concentration is affected by folate status. and sex of cats. FASEB J. 13:A229.

礦物質

Coffman, H. 1997. The Cat Food Reference. Nashua. N.H.: PigDog Press.

Howard, K., Q. Rogers, and J. Morris. 1998. Magnesium requirement of kittens is increased by high dietary calcium. J. Nutr. 128(suppl.):2601 S-2602S.

Kienzle, E. 1998. Factorial calculation of nutrient requirements in lactating queens. J. Nutr. 128(suppl.):2609S-2614S.

Kienzle, E.. and S. Wilms-Eilers. 1994. Struvite diet in cats: Effect of ammonium chloride and carbonates on acid-base balance of cats. J. Nutr. 124(suppl.):26525-26595.

Kienzle. E., A. Schuknecht, and H. Meyer. 1991. Influence of food composition on the urine pH in cats. J. Nutr. 121 (suppl.):587-588.

Kienzle, E., C. Thielen, and C. Pessinger. 1998. Investigations on phosphorus requirements of adult cats. J. Nutr. 128(suppl.):25985-26005

Lemann, J., and E. Lennon. 1972. Role of diet, gastrointestinal tract and bone in acid-base homeostasis. Kidney International 1:275-279.

Pastoor, F., A. Van't Klooster, J. Mathot. and A. Beynen. 1994. Increasing calcium intakes lower urinary concentrations of phosphorus and magnesium in adult ovariectomized cats. J. Nutr. 124:299-304.

Pastoor, F., R. Opitz, A. Van't Klooster, and A. Beynen. 1994. Dietary calcium chloride vs.. calcium carbonate reduces urinary pH and phosphorus concentration, improves bone mineralization and depresses kidney calcium level in cats. J. Nutr. 124:2212-2222.

Pastoor, F., A. Van't Klooster, and A. Beynen. 1994. Calcium chloride a urinary acidifier in relation to its potential use in the prevention of struvite urolithiasis in the cat. Vet. Q. 16(suppl.):375-385.

Pastoor. F.. R. Opitz, A. Van't Klooster, and A. Beynen. 1994. Substitution of dietary calcium chloride for calcium carbonate reduces urinary pH and urinary phosphorus excretion in adults cats. Vet. Q. 16:157-160.

Pastoor, F.. A. Van't Klooster, B. Opitz, and A. Beynen. 1995. Effect of dietary magnesium on urinary and faecal excretion of calcium. magnesium and phosphorus in adult, ovarectomized cats. Br. J. Nutr. 74:7784.

Pastoor, F., A. Van't Klooster, J. Mathot, and A. Beynen. 1995. Increasing phosphorus intake reduces urinary concentrations of magnesium and calcium in adult ovariectomized cats fed purified diets. J. Nutr. 125:1334-1341.

Pastoor, F., R. Opitz, A. Van't Klooster, and A. Beynen. 1995. Dietary phosphorus restriction to half the minumum required amount slightly reduces weight gain and length of tibia. but sustains femur mineralization and prevents nephrocalcinosis in female kittens. Br. J. Nutr. 74:85100.

Pennington, J. 1998. Bowes & Church's Food Values of Portions Commonly Used. Philidelphia: Lippincott Williams and Wilkins.

Taton, G., D. Hamar, and L. Lewis. 1984. Evaluation of ammonium chloride as a urinary acidifier in the cat. J. Am. Vet. Med. Assn. 184:433-436.

Toto. R.. R. Alpern, J. Kokko, and R. Tannen. 1996. Metabolic acid-base disorders. Pp. 201-266 in Fluids and Electrolytes, 3rd edition. Philidelphia: W.B. Saunders.

Yu, S., and J. Morris. 1997. The minimum sodium requirement of growing kittens defined on the basis of plasma aldosterone concentration. J. Nutr. 127:494-501.

Yu. S., and J. Morris. 1998. Hypokalemia in kittens induced by a chlorine-deficient diet. FASEB J. 12:A219.

Yu, S., and J. Morris. 1999. Chloride requirement of kittens for growth is less than current recommendations. J. Nutr. 129:1909-1914.

Yu, S., and J. Morris. 1999. Sodium requirement of adult cats for maintenance based on plasma aldosterone concentration. J. Nutr. 129:419-423.

Yu, S., Q. Rogers, and J. Morris. 1997. Absence of salt (NaCi) preference or appetite in sodium-replete or depleted kittens. Appetite 29:1-10.

Yu, S.. K. Howard, K. Wedekind, J. Morris, and Q. Rogers. 2001. A low-selenium diet increases thyroxine and decreases 3,5,3'-triiodothyronine in the plasma of kittens. J. Am. Physio. Anim. Nutr. 86:36-41.

Zijlstra, W., A. Langhroek, J. Kraan, P. Rispens. and A. Nijmeijer. 1995. Effect of casein-based semi-synthetic food on renal acid excretion and acid-base state of blood in dogs. Acta Anesthesiologica Scandinavica 107(suppl.):179-183.

國家圖書館出版品預行編目資料

親手做健康貓飯：針對疾病、症狀與目的之貓咪營養事典／須崎恭彥著；高慧芳譯. -- 初版. -- 臺中市：晨星, 2020.11
面； 公分. --（寵物館；99）
譯自：愛猫のための症状・目的別栄養事典
ISBN 978-986-5529-40-6（平裝）

1.貓 2.寵物飼養 3.食譜

437.364　　109010731

寵物館 99

親手做健康貓飯（修訂版）

針對疾病、症狀與目的之貓咪營養事典

作者	須崎恭彥
譯者	高慧芳
主編	李俊翰
編輯	邱韻臻、林珮祺
美術設計	曾麗香
封面設計	言忍巾貞工作室
創辦人	陳銘民
發行所	晨星出版有限公司 台中市工業區30路1號 TEL：04-23595820　FAX：04-23597123 E-mail:service@morningstar.com.tw 行政院新聞局局版台業字第2500號
法律顧問	陳思成律師
初版	西元 2016 年 5 月 31 日
再版	西元 2020 年 11 月 15 日
總經銷	知己圖書股份有限公司 106 台北市大安區辛亥路一段 30 號 9 樓 TEL：02-23672044 ／ 23672047　FAX：02-23635741 407 台中市西屯區工業 30 路 1 號 1 樓 TEL：04-23595819 FAX：04-23595493 E-mail：service@morningstar.com.tw 網路書店 http://www.morningstar.com.tw
訂購專線	02-23672044
郵政劃撥	15060393（知己圖書股份有限公司）
印刷	上好印刷股份有限公司

掃瞄QRcode，
填寫線上回函！

［原書STAFF］
協助烹飪／おおもりみさこ、くわはたゆきこ、今野弘子
攝影／江頭徹（講談社寫真部）
插畫／藤井昌子

定價 350 元
ISBN 978-986-5529-40-6

AIBYOU NO TAME NO SHOUJOU MOKUTEKI BETSU EIYOU JITEN

Original Japanese edition published by KODANSHA LTD.
Traditional Chinese publishing rights arranged with KODANSHA LTD.
through Future View Technology Ltd.